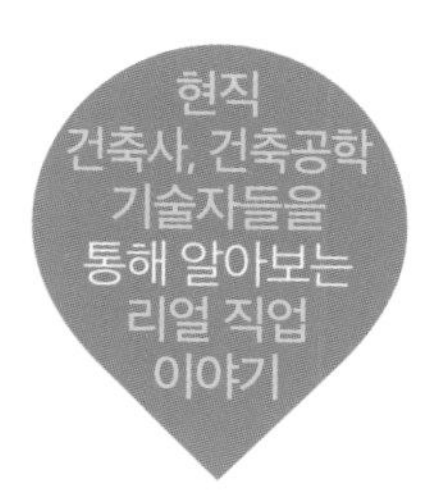
현직
건축사, 건축공학
기술자들을
통해 알아보는
리얼 직업
이야기

건축사, 건축공학기술자 어떻게

How did they become
architects?

되었을까?

CampusMentor
캠퍼스멘토

"
도움을 주신
건축사,
건축공학기술자들을
소개합니다
"

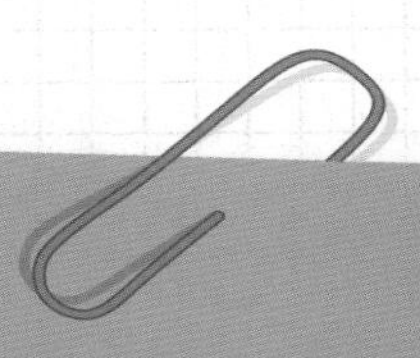

운생동 건축가 그룹 대표

장윤규 건축가

- 현) <운생동 건축가그룹>의 대표
- 현) 국민대 건축대학 교수
- 서울대 건축학과/대학원 졸업
- 2018년 PLAN 커뮤니티 부문 국제건축상 수상
- 2017년 '한내지혜의 숲' 서울시 건축상 대상 수상
- 2007년 국제건축상 AR Award 수상
- 2006년 Architectural Record에서 Vanguard Award 수상
- 2001년 일본저널 <10+1> 세계건축가 40인 선정
- 유투브채널 건축공감, 갤러리정미소, UP출판, UP아트를 운영

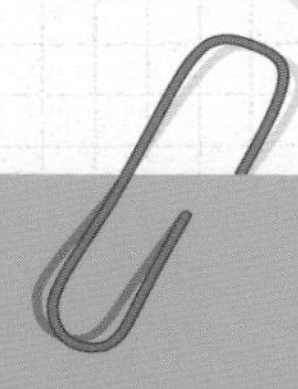

건축사사무소 재귀당 대표

박현근 건축사

- 현) 건축사사무소 재귀당 대표/소장/건축사
- 현) 서울시 건축사회신문 편집장
- (주)건축사사무소 DMP
- (주)정림건축종합건축사사무소
- 성균관대학교 건축공학과 학사
- 경기대전 대상, 청소년수련시설 공모전 우수상
- 제3회 우리동네 좋은 집 찾기 공모전 - 대상
- 경기도 건축문화상 2회 수상

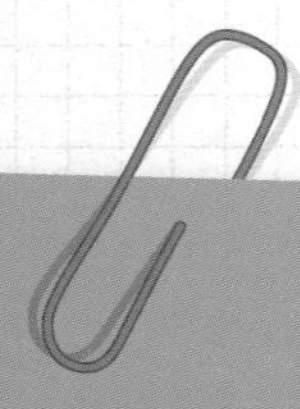

라움건축사사무소 대표

방재웅 건축사

- 현) 라움 건축사사무소 대표,
- 현)서울중앙지방법원 감정인
- 서울과학기술대학교 에너지시스템학과 박사과정
- 한양대학교 건설관리학(CM) 석사
- 경기대학교 건축학 학사
- 건축사(KIRA)
- 공인중개사
- 건축기사, 건설안전기사
- 녹색건축인증전문가(G-SEED)
- 건축구조 전문건축사

건축사, 건축공학기술자
어떻게
되었을까
?

꿈을 이룬 사람들의 생생한 직업 이야기 35편

건축사, 건축공학기술자 어떻게 되었을까?

1판 3쇄 펴냄 2024년 1월 18일

펴낸곳 ㈜캠퍼스멘토

책임 편집 이동준 · 북커북

진행 · 윤문 북커북

디자인 ㈜엔투디

커머스 이동준 · 신숙진 · 김지수 · 김연정 · 강덕우 · 박지원 · 송나래

교육운영 문태준 · 이동훈 · 박홍수 · 조용근 · 정훈모 · 송정민

콘텐츠 오승훈 · 이경태 · 이사라 · 박민아 · 국희진 · 윤혜원 · ㈜모야컴퍼니

관리 김동욱 · 지재우 · 윤영재 · 임철규 · 최영혜 · 이석기

발행인 안광배

주소 서울시 서초구 강남대로 557 (잠원동, 성한빌딩) 9층 (주)캠퍼스멘토

출판등록 제 2012-000207

구입문의 (02) 333-5966

팩스 (02) 3785-0901

홈페이지 http://www.campusmentor.org

ISBN 978-89-97826-78-0(43540)

· 인터뷰 및 저자 참여 문의 : 이동준 dj@camtor.co.kr

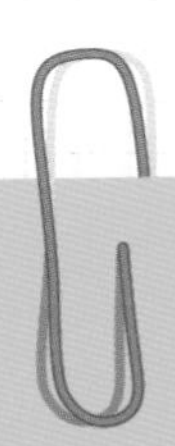

갓고다 건축사사무소 대표

권이철 건축사

- 현) 갓고다 건축사사무소 소장/대표 건축사
- 현) 경기대 건축공학과 겸임교수
- 현) 서울시 공공건축가, 마을건축가
- 서울시립대 도시과학대학원 건축공학과 석사
- 서울시립대 건축공학과 학사
- 건축사
- ㈜해안종합건축사사무소
- 저서 '경성의 아ㅅ바트' 등

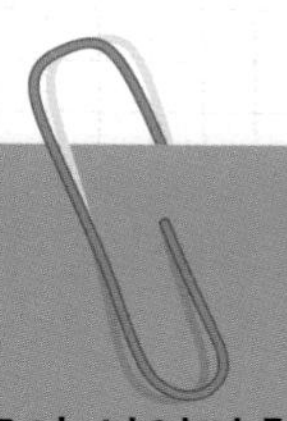

한국전력공사 선임건축사

양승규 건축공학기술자

- 현)한국전력공사 차장/선임건축사
- 한양대 도시부동산개발전공 공학석사
- 강원대 건축공학과 학사
- 충청북도/대전광역시 건설기술심의위원
- 경기주택도시공사/한국자산관리공사 기술자문위원
- 행정안전부 정부청사관리본부/
경기도교육청 설계공모 심사위원
- 범부처통합연구지원시스템(IRIS) 평가위원 후보단
- 2019 디지털건축대전 최우수상 수상
- BIM운용전문가, 데이터분석 준전문가
- Revit/AutoCAD/SketchUp Certified Professional

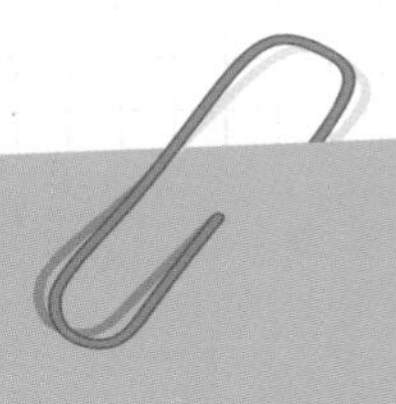

인하대학교 건축공학과

조재완 교수

- 현) 인하대 건축학부 건축공학과 교수
- 주요 연구 분야 '건축환경설비'
- 미국 'Oak Ridge National Lab' 박사 후 연구원 과정
- 미국 퍼듀대학 건축공학 박사학위 취득
- 서울시립대 건축공학 석사
- 서울시립대 건축공학 학사

이 책의 구성

Chapter 1

건축사, 건축공학기술자, 어떻게 되었을까?

Chapter 2

건축사, 건축공학기술자의 생생 경험담

Chapter 3

예비 건축사, 건축공학기술자 아카데미

건축사, 건축공학기술자, 어떻게 되었을까?

건축사, 건축공학기술자란?

건축사, 건축공학기술자[architect, 建築士]란

건축가(建築家) 또는 건축사는 건물을 건축할 때, 계획을 세우고 설계를 하며 감독하는 사람이다. 건축을 뜻하는 영어 단어로 “architect”는 라틴어 “architectus”에서 유래한 것으로, 라틴어 단어는 그리스어 “arkhitekton”에서 나온 것이다.(“arkhi”는 대장, “tekton”은 건설자를 의미한다). 넓은 범위에서 보면, 건축가는 사용자의 요구사항을 건축 환경에 반영하는 사람이다. 건축가는 자주 일반 대중의 삶의 질이나 안전에 영향을 주는 전문적인 결정을 내려야만 한다. 건축가는 전문화된 교육을 받아야 하고, 건축에 실제로 참여하려면 자격을 취득해야 하는데, 이것은 다른 전문직과 유사한 것이다. 건축사 자격시험에서는 배치계획, 평면계획, 단면계획, 구조계획을 평가한다.

건축공학기술자는 건축물의 공사에 대하여 전체적인 관리와 감독을 하고 구조를 설계하거나 기타 시공에 관련된 기술적 자문을 한다. 건축공학기술자는 공사가 설계도면에 따라 진행되는지 관리·감독할 뿐 아니라 공사 현장의 안전, 환경, 건축물의 품질, 공사를 위한 재료나 인력 등도 관리·감독한다. 공사 기간이나 시공 방법, 건설기능사와 인부 등의 투입 인력의 규모, 건설기계 및 건설자재 투입량 등의 세부공정을 수립하고 시행한다. 이외에도 건축물에 대해 구조설계를 하거나 건축 구조물에 대한 구조계산 및 시공에 관한 일을 한다. 공사가 설계에 따라 제대로 진행되고 있는지 감독하고 현장관리를 한다. 건설기능공이나 인부들의 기술적인 문제를 해결하고 안전사고 예방을 한다. 견적, 발주, 설계변경, 원가관리 등의 행정적인 업무를 한다. 업무에 따라 작업지시를 하는 공정관리기술자, 경제적이고 고품질의 시공이 이루어지도록 하는 품질관리기술자, 생산성 향상 및 건설 현장의 안전을 담당하는 안전관리기술자, 환경오염을 최소화하는 환경관리기술자로 분류하기도 한다.

출처: 위키백과/커리어넷

※ 고용노동부 워크넷(www.work.go.kr)의 한국표준직업 분류에 따르면 건축가(건축사)를 병기해서 표현하고 있다. 여기서는 건축물을 계획하고 설계하며 감독하는 전문자격을 갖춘 건축가를 건축사로 통일해 표기하고자 한다.

건축사와 건축공학기술자에 대한 이해

■ 건축사

건축사는 고객(건축주)의 의뢰를 받아 조형미, 경제성, 안전성, 기능성 등을 고려하여 주택, 사무용 빌딩, 병원, 학교, 체육관 등 건축물에 대한 건축계획 및 설계를 한다. 건축설계 업무를 하는 직업의 일반적 명칭을 '건축설계사'라고 하며, '건축사'는 좀 더 전문성이 인정되는 사람을 말한다.

건축사는 건축가가 국토교통부에서 시행하는 자격시험에 합격하면 취득하는 면허의 명칭인 동시에 그 면허를 소지한 사람의 직업명이다. 건축사는 법률에 따라 건축물의 설계와 공사감리를 할 수 있는 권한과 책임을 갖는다. 공사감리는 설계도에 따라 공사가 진행되고 있는지를 확인하는 일이다. 건축사는 고객으로부터 건축설계 의뢰를 받아 입지조건과 건물의 용도, 사업성, 공사비, 건축법 등을 검토하고 고객의 의견을 반영하여 건축물의 설계 방향과 기본 디자인을 결정한다. 건축사 단독으로 또는 설계팀이 구성되어 기본설계를 하고 기본설계가 확정되면, 실제 건물을 시공하는 데 사용할 수 있을 정도의 상세한 설계도면을 작성하는 실시설계를 한다. 일반적으로 실시설계 시, 건축 외의 다른 분야는 해당 전문가에게 의뢰한다. 건축구조 분야는 건축구조설계기술자에게, 공기조화 설비 등은 건축설비기술자에게, 전기 분야는 전기공사기술자에게 의뢰하여 실시설계도를 완성하게 된다. 설계를 수정하거나 고객의 이해를 돕기 위해 건축물 모형을 제작하기도 하고, 관할 허가청에서 건축허가를 받는 업무도 수행한다. 건축사사무소 소장은 설계업무 외에 경영 및 인사관리, 사업 수주, 건축허가 대행, 건축기술 자문 등의 업무를 수행하기도 한다. 대형설계회사에 근무하는 경우는 각자 전문 분야만 담당하는 것이 일반적이다.

■ 건축공학기술자

건축공학기술자는 주로 건설현장에서 건축기사로서 일하는데, 아파트, 빌딩, 병원, 호텔 등의 건축물 공사 시 공사현장을 관리·감독하고 품질관리와 기술지도를 한다. 건축가(건축사)가 완성한 설계도면이 시공업체에 인계되면 건축공학기술자는 공사기간이나 시공방법, 투입인력의 규모, 건설기계 및 건설자재 투입량 등 세부 공정을 수립하고 공사를 진행한다. 공사가 설계도면에 따라 제대로 진행되는지를 관리·감독하고 기술적인 문제를 해결한다. 공사현장의 안전 관리, 환경 관리, 건설재료 관리, 건설근로자 관리도 건축공학기술자의 관리·감독 대상이다. 그 밖에 견적서 작성, 공사 발주, 원가관리, 행정 및 법적 업무인 공무 등의 업무를 전문으로 수행하기도 한다. 보통 작은 공사현장은 한 명의 건축공학기술자가 공사 전체를 관리·감독하고, 규모가 큰 공사현장은 여러 건축공학기술자가 공정별 또는 공사구간별로 담당하여 관리한다. 건축공학기술자는 전문 분야에 따라 공사계약기간 내에 건축물을 완성하기 위해 작업지시 및 관리를 하는 공정관리기술자, 고품질에 경제적인 시공이 되도록 관리하는 품질관리기술자, 생산성을 향상하고 고용된 사람들의 안전을 담당하는 안전관리기술자, 시공 시 발생할 수 있는 환경오염을 최소화하도록 하는 환경관리기술자 등으로 구분할 수 있다. 구조설계를 담당하는 건축구조기술자는 건축물의 설계 및 시공 단계에서 건축구조를 설계하고 감리하며, 기존 구조물의 안전도를 평가하기도 한다. 주로 건설회사의 설계부서나 엔지니어링회사에서 건축사와 함께 일하기도 한다.

출처: 워크넷

건축사, 건축공학기술자가 되려면?

건축사가 되려면?

건축사는 일반적으로 대학교 건축학과(5년제) 또는 건축공학과(4년제), 전문대학 건축과(2~3년제), 고등학교나 3년제 고등기술학교 건축과에서 교육을 받을 수 있다. 건축(공)학과를 졸업한 후 건축사사무소에 입사하여 3년 또는 4년 이상의 실무경력을 쌓은 후 건축사 시험에 응시하여 '건축사'로 활동하는 것이 일반적이다. 그 외는 전문대학, 고등학교 건축학과를 졸업한 후에 건축사사무소에서 건축사업무를 보조하면서 2년 또는 4년 이상 실무경력을 충족한 후 건축사예비시험에 합격하여 '건축사보'부터 출발하는 경우도 있다. 대학교 건축학과에서는 건축학개론, 건축계획, 건축사, 건축구조, 건축재료, 건축설비, 건축법, 건축 CAD 외에 건축설계 실습에 상당 시간을 할애하여 학습한다.

건축사 자격을 갖추려면 국토교통부에서 시행하는 건축사 자격시험을 통과해야 한다. 건축사 자격시험의 응시자격은 다음의 3가지 요건 중 하나를 충족해야 한다.

① 건축사사무소 개설신고를 하고 건축사업을 하는 건축사사무소에서 대통령령으로 정하는 바에 따라 3년(인증 5년제 건축학과 또는 건축학대학원 이수자) 또는 4년 이상(비인증 5년제 건축학과 또는 건축학대학원 이수자) 실무수련을 받은 사람

② 외국에서 건축사 면허를 받거나 자격을 취득한 자로서 건축사법에 따라 건축사의 자격과 같은 자격이 있다고 국토교통부장관이 인정하는 사람으로서 통틀어 5년 이상 건축에 관한 실무 경력이 있는 사람

③ 건축사예비시험에 합격한 사람으로서 건축사예비시험의 응시자격을 취득한 날부터 5년 이상 (5년 이상의 건축학 학위과정을 이수하고 그 학위를 취득한 사람은 4년 이상) 건축에 관한 실무 경력을 쌓은 사람. 2019년까지 건축사예비시험에 합격한 자에 한해 2026년까지 건축사 자격시험에 응시 가능

건축공학기술자가 되려면?

건축공학기술자는 일반적으로 대학교 건축공학과(4년제), 전문대학 건축과(2~3년제), 고등학교나 3년제 고등기술학교 건축과에서 교육을 받을 수 있다. 대학교 건축공학과에서는 건축학개론, 건축 계획, 건축사, 건축구조, 건축재료, 건축설비, 건축법, 건축CAD, 건축설계 등을 배우는데, 건축시공이나 구조 등 공학에 주안점을 둔다.

관련 학과로는 건축학과(5년제), 건축공학과, 실내건축학과, 건축토목학과, 건축설비공학과(이상 4년제), 건축과(3년제) 등이 있다.

관련 자격으로는 건축구조기술사, 건축기계설비기술사, 건축전기설비기술사, 건축품질시험기술사, 건축시공기술사, 건축기사/산업기사, 건축설비기사/산업기사, 실내건축기사/산업기사, 건설재료시험기사/산업기사, 건설안전기술사/기사/산업기사, 전산응용건축제도기능사, 콘크리트기사/산업기사 등이 있다.

출처: 워크넷

건축과 관련한 다양한 직업

■ 녹색건축물인증심사원

- 건축물에 대하여 에너지와 자원이 얼마나 절약되고 있는지, 오염물질은 얼마나 감소하고 있는지, 주변 환경과 얼마나 조화를 이루는지 등 건축물이 환경에 미치는 영향을 심사한다.
- 건축물의 설계와 시공과정에서 사용하는 자재 등이 친환경 건축물 인증의 법적 기준에 맞는지 확인하기 위해 관련 서류와 인증, 유해물질 배출, 온실가스배출 등에 대한 정보를 관련 부서와 기관에 요청하여 수집한다.
- 공동주택, 복합건축물, 업무용 건물, 학교, 숙박시설 등에 대한 녹색건축인증 신청자의 예비인증, 본인증, 연장신청에 대해 신청자가 제출한 서류를 검토한다.
- 현장실사를 통해 건축물과 관련된 토지이용, 교통, 에너지, 재료 및 자원, 수자원, 환경오염, 유지관리, 생태환경, 실내환경 부분의 평가항목의 산출기준에 따라 점수를 부여한다.
- 수집된 정보를 분석하여 인증정보를 정리하고 녹색건축인증기관에 인증을 신청한다.

■ 전통건축원

- 전통건축원은 전통 건축기법을 이용하여 한옥, 사원, 궁궐 등의 전통건축물을 설계하고 시공하는 일을 한다.
- 전통 한식건축물을 신축하거나 보수할 때, 건축물의 설계도를 해석하고 전통한식기법을 이용하여 한옥, 사원, 궁궐 등의 전통창호와 가구를 제작한다.
- 목조건물을 세우기 위해 나무를 깎고 다듬으며, 기울어진 목조건조물과 석조건조물을 바로잡거나 전통한식 건조물의 기와를 잇거나 보수하는 업무를 수행한다.

■ 인테리어디자이너

- 인테리어디자이너는 주택, 사무실, 상가 건물의 내부 환경을 기능과 용도에 맞게 설계, 장식한다.
- 내부시설의 목적과 기능, 고객의 기호, 예산, 건축형태, 시설장비 등 내부 환경이 장식에 영향을 미치는 요인을 조사,결정하기 위하여 고객과 협의한다.
- 건물의 목적과 기능, 예산 및 건축형태 등 특성을 파악하여 디자인 컨셉을 세우고 세부 일정 및 계획을 수립한다.
- 공간구조, 가구나 시설의 배치 및 이용, 색상 등 구체적인 계획에 대하여 고객과 협의하고, 동선계획과 색채계획, 조명계획 등을 세우고, 가구와 장식품, 조명기구 등을 구체적으로 선정한다.
- 계획하고 선택된 사항들을 손이나 컴퓨터를 이용해 도면에 그리고 표시한다.

- 디자인이 완성되면 세부도면을 작성하여 시공업자에게 전달하고 때에 따라서는 시공 작업을 감독하기도 한다.

■ 친환경건축컨설턴트

- 건축주 또는 시공사가 국내외 친환경건축물인증을 취득할 수 있도록 설계, 자재, 시공과정을 진단하고 인증기준을 충족하도록 다양한 기술적 컨설팅을 제공하며, 인증업무를 대행한다.
- 친환경건축물 관련 인증을 취득하려는 고객에게 친환경건축물인증, 주택성능등급, 건물에너지효율등급, 그린홈인증, 리드(LEED)인증, BREEAM인증 등 친환경건축물 관련 국내외 인증의 대상, 절차, 인증등급과 기준에 관해 설명한다.
- 고객이 필요로 하는 친환경건축물 인증의 종류와 등급, 인증 취득의 효과, 소요 비용 등에 대해 상담한다.
- 고객에게 친환경건축물 인증 관련 심사평가의 기준과 절차를 충족하는 설계기법, 자재, 설비 등에 대한 기술적 자문 및 서류 준비에 대한 자문을 제공한다.
- 공사 중 배출되는 이산화탄소와 건설폐기물 최소화 방안 등 친환경건축물 구축에 필요한 조언을 한다.
- 컴퓨터 시뮬레이션을 통해 일조, 소음 등의 자료를 얻고 이 자료를 분석해 컨설팅에 활용하거나 친환경건축물 인증에 대한 보고서를 작성한다.
- 고객을 대행하여 인증기관에 인증심사 신청을 하고 심의과정에 필요한 서류의 준비·제출, 보고서 작성을 수행하기도 한다.

■ 건축안전기술자

- 건축현장에서 작업원의 안전과 건축재해요인 예측, 재해 예방 등을 위하여 각종 설비의 안전성 확보 및 안전관리를 위한 제반 업무를 수행한다.
- 건축재해 예방을 위한 세부계획을 수립한다.
- 안전기술 검토와 절차서 개선을 위한 자료를 수집하고 분석한다.
- 작업 현장을 순회하여 안전장치 및 보호구를 정기적으로 점검하고, 위험요인 예방대책을 수립한다.
- 작업환경 개선, 유해 위험방지 등의 안전에 관한 기술적인 사항을 관리한다.
- 건축물이나 설비작업의 위험에 따른 응급조치를 한다.
- 산업재해가 발생하면 사고경과를 조사하고 원인을 규명하여 사고재발방지대책을 모색하고 외부기관에 대한 섭외업무를 수행한다.
- 작업원 및 관리자를 대상으로 안전 및 방화교육을 실시한다.
- 안전관리책임자의 지시에 따라 안전관리를 실시하고 작업과정에서 발생한 주요사항을 보고한다.
- 필요한 경우 전문업체에 의뢰하여 안전성 검사를 실시하고 시설물에 대해 비파괴검사를 한다.
- 시설물 점검 후 이상 시에는 전문수리업체에 수리를 의뢰한다.

■ 건축구조기술자

- 건축물의 공간 및 형태를 안전하고 경제적으로 구축하도록 기초 및 구조시스템, 주요 부재(벽, 바닥, 기둥, 방화벽, 외벽, 환기덕트 등)의 위치 및 크기를 설계한다.
- 지질조사 내용을 분석하고 건물의 특성과 하중 조건, 안정성, 시공성, 경제성을 검토한다.
- 건물의 형태적 특성과 용도에 따라 구조계산을 한다.
- 건물의 용도와 공간 형태를 고려하여 경제적이고 안전하며 공간 이용 효율성이 높은 구조시스템을 선정한다.
- 요구조건을 충족하는 구조모듈(module:시공 시 기준으로 삼는 치수)을 선택한다.
- 부재의 위치 및 크기를 건축기본계획에 상응하도록 협의하고 조정한다.

■ 건축감리기술자

- 건축물의 시공 시 품질관리, 예산관리, 공정관리의 목표를 달성하기 위해 시공의 전반적인 과정을 확인·감독한다.
- 착수회의를 통해서 감리방법과 감리방향 등을 세운다.
- 설계도서와 시방서에 맞게 시공이 이루어지는지 체크리스트로 점검한다.
- 시험에 입회하여 측량결과를 통해 지정된 재료의 사용이나 요구 품질 확보 여부를 확인한다.
- 문제점 발생 시 발주자에 보고하고 사업자에게 시정을 요청한다.
- 기초검사, 중간검사, 각종 감리보고서 작성 등 행정업무를 담당한다.
- 품질관리, 공사관리, 안전관리 등에 대해 교육하고 기술지도를 한다.

■ 건축설계기술자

- 각종 건축물 건설 및 수리를 계획하고 설계한다.
- 사업계획서 및 계획도면을 작성하여 건축주에게 설명하고 건축주의 요구사항을 반영하여 설계계약을 체결한다.
- 설계업무를 수행하는 데 필요한 인원 및 기간을 산정한다.
- 대지와 건물, 주변의 환경 등 건축설계에 필요한 자료와 정보를 조사하여 수집정보를 분류하고 분석한다.
- 건축주의 건축목표와 프로젝트에 대한 요구조건을 평가·분석하며 우선순위를 협의한다.
- 설계목표와 설계조건을 수립하고, 계획의 기초가 되는 개념을 설정한다.
- 설계개념에 따라 소요공간을 산정하고 설계의도를 구체화한다.
- 수행프로젝트에 관련된 다양한 법규와 기준, 지방자치단체의 조례, 기타 법규를 조사한다.
- 세부법규, 사업성, 개략공사비, 공사비내역, 자재, 시공성 등을 검토한다.
- 공간, 조형, 동선, 배치 및 평입단면을 계획하고, 설계도면과 설계설명서, 기본보고서 등을 작성한다.
- 시공 중 공사도급계약서를 검토하고 제안 및 조언한다.

- 설계변경의 필요성을 판단하고 구체적인 내용을 검토 및 결정한다.
- 시공자가 작성한 제작, 설치 및 공사 관련 도면의 적합성을 검토하고 승인한다.
- 시공에 있어서 품질, 안전, 공사진척 등을 감독하고 관리한다.

■ 건축시공기술자

- 건축물 공사 전반을 관리·감독하여 공사를 진행하며, 시공에 필요한 기술적 지원을 한다.
- 건축물 공사현장에 상주하며 공사기간, 시공방법, 건설기능공과 인부의 투입 규모, 건설기계 및 건설자재 투입량 등을 관리하고 감독한다.
- 설계한 것에 따라 공사가 제대로 진행되고 있는지 감독한다.
- 건축기술공과 인부들이 필요로 하는 기술적인 지원을 하며, 현장을 관리하고 돌발상황에 대처한다.
- 견적, 발주, 설계변경, 원가관리 등 현장 행정업무를 처리한다.
- 현장의 규모에 따라 안전사고 예방, 시공품질관리, 공정관리, 환경관리 업무를 직접 수행하거나 관련 담당자에게 지시한다.

■ 건축자재영업원

- 각종 건축자재나 인테리어 재료(합판, 타일, 창호, 양변기, 황토벽돌, 조명, 유리, 벽난로 등)를 판매하기 위한 영업을 한다.
- 건축현장의 현장소장, 건축회사의 자재담당자, 건축설계사 사무소 등 건축자재 소비자들을 방문하거나, 전화, 카탈로그 등을 배포하여 제품을 소개하고 판매를 촉진하는 활동을 한다.
- 건축자재 주문을 접수하거나 견적의뢰에 따라 견적서를 작성하여 제출한다.
- 공사발주 관련 영업을 한다.
- 제조사에 물품을 주문한다.
- 납품되는 물품에 대하여 수량을 검수하고 치수, 겉모양 등 품질의 이상여부를 검사한다.
- 물품의 특성과 용도, 가격을 숙지한다.
- 판매장부를 작성하고 판매량과 재고량을 파악한다.
- 제조사에 소속되어 영업하는 경우 소매업체와 수량과 대금납부시기 등을 고려해 물품가격과 결제조건 등을 협의한다.
- 소매업체(대리점)의 주문에 따라 건축현장 등 지정하는 장소에 제품을 납품하기도 한다.

출처: 커리어넷

LIVING ROOM
Y.P. FLOOR - NEW
CEMENT HEARTH
BRICKED UP FIREPLACE
6'-1"
9'-8"
20'-0"
BRICK
HEARTH
KITCHEN
Y.P. FLOOR
16'-0½"
UP FIREPLACE
CLOS.

건축사, 건축공학기술자들이 전하는 자질

어떤 적성을 가진 사람들에게 적합할까?

- 다양한 건축물을 설계하는 일이 많으므로 창의력, 합리적인 사고, 공간 지각력이 필요하다.
- 단순 노무를 하는 사람부터 고급 기술을 갖춘 사람들까지 다양한 사람들과 함께 일을 하는 경우가 많으므로 원만한 대인관계가 요구된다.
- 일정 기간 건설 현장에 근무해야 하므로 신체적 강인함도 요구된다.
- 필요한 지식은 공학과 기술, 디자인, 물리, 안전과 보안, 기계 등이다.
- 예술형과 탐구형의 흥미를 지닌 사람에게 적합하다.

출처: 커리어넷

건축사, 건축공학기술자와 관련된 특성

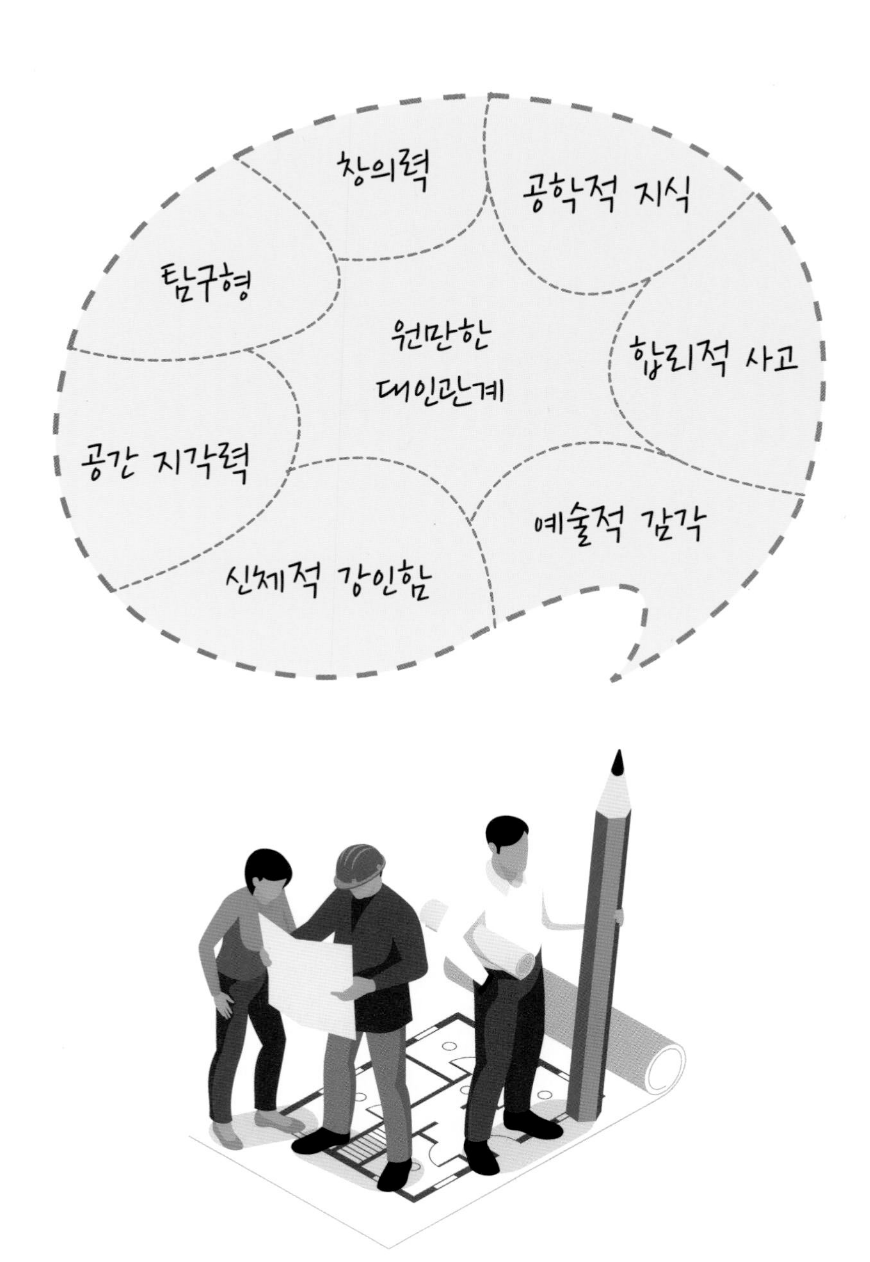

"건축사, 건축공학기술자에게 필요한 자질에는 어떤 것이 있을까요?"

톡(Talk)!
박현근

포기하지 않는 끈기와 엉뚱한 상상력이 필요해요

지금도 고등학생들 멘토링을 하고 있는데 고등학생들이 많이 물어봅니다. 혹시 그림을 잘 그려야 하는지, 모형을 잘 만들어야 하는지, 컴퓨터를 잘해야 하는지, 많이 물어봅니다. 건축사의 가장 중요한 덕목과 자질 중에 위 3가지는 그렇게 중요하다고 생각하지 않습니다. 왜냐하면 건축설계를 계속하다 보면 자연스럽게 잘하게 되는 것들이 위 3가지거든요. 그것보다 중요한 것은 쉽게 포기하지 않는 끈기가 중요한 것 같습니다. 많은 건축설계를 시작하는 건축학도들이 여러 가지 이유로 건축설계를 포기하거나 단념하거든요. 자신이 좋아하는 일을 쉽게 포기하지 않고 할 수 있는 끈기가 제일 중요한 것 같습니다. 그리고 꿈꾸는 힘입니다. 건축은 매우 길게 봐야 하는 직업이기 때문에 5년 후의 자신의 모습, 10년 후의 자신의 모습을 상상하는 자세가 필요합니다. 그래야만 어렵고 지난한 20대와 30대의 시간을 견뎌낼 수 있답니다. 꿈꾸는 힘이라고 이야기할 수도 있겠지만 장기적인 계획과 플랜을 잘 세우는 능력이라고도 할 수도 있겠네요. 또 하나 중요한 게 상상력입니다. 건축계획의 기본은 상상력이라고 생각하거든요. '왜 이런 건 안 될까?', '왜 이런 건축물은 없을까?', '코로나 시대에 이런 건 어떨까?' 이런 생각을 시작할 수 있는 상상력이 있어야 합니다. 결국 그런 상상력이 훌륭한 건축사를 만드는 것 같아요. 좀 다른 말로는 엉뚱한 생각을 잘하는 능력도 좋은 능력이라 생각합니다.

톡(Talk)!
조재완

이과적인 자질과 공간, 인간에 대한 이해가 필요합니다

건축공학에서는 기본적으로 수학, 과학 등 이과 과목에 대한 자질이 요구됩니다. 또한 건축물의 공간 및 이를 이용하고 상호작용하는 인간에 대한 이해가 필요합니다.

톡(Talk)!
장윤규

협력하고 이해하는 사회적 관계가 중요합니다

사회, 문화, 인간에 대한 기본적인 이해가 필요하다. 건축은 혼자 하는 것이 아니고 많은 전문가와 협력하여 완성합니다. 따라서 서로 협력하고 이해하는 사회적 관계의 인성이 필요하답니다.

톡(Talk)!
권이철

기술적인 능력과 심미적인 능력, 둘 중의 하나만 있다면 충분해요

건축가는 건축설계를 하는 사람으로 기술적인 면과 심미적인 면이 모두 필요합니다. 어찌 보면 상당히 상반된 능력이죠. 한 명의 건축가가 이런 상반된 능력을 모두 가지고 있는 분들도 있지만, 대부분은 어느 한 쪽으로 치우쳐 있기 마련이죠. 그래서 보통 건축사사무소에는 각각의 자질을 가진 둘 이상의 분들이 계시고 협업하고 조력해서 만들어 가십니다. 그래서 사실 둘 중에 한 가지 능력이 좋다면 건축가로서의 가능성은 충분하다고 볼 수 있습니다.

톡(Talk)!
방재웅

건축주와의 원활한 대화를 위하여 폭넓은 소양을 갖추어야 하죠

건축을 하기 위해서는 발주처(건축주)를 만나는 것이 필수입니다. 건축설계를 맡길 발주처가 없다면 건축설계를 진행할 수가 없기 때문이죠. 건축을 하기 위한 발주처를 만날 수 있도록 다양한 분야의 디자인을 눈으로 익히고 발전시켜야 해요. 그리고 발주처들과 대화가 이루어질 수 있는 지식을 쌓는 것도 중요하죠. 디테일한 지식까지는 아니어도 전반적인 대화의 흐름이 이어질 수 있는 전 분야의 폭넓은 시야를 갖추는 게 중요한 자질입니다.

톡(Talk)!
양승규

건축 전반의 다양한 분야에 대한 역량을 갖추는 게 중요하죠

한국전력공사 건축직 신입사원 채용에 적용되는 평가 요소를 정리해 보면 의사소통능력, 수리능력, 문제해결능력과 건축직 고유의 정보능력, 기술능력입니다. 대학에서 설계를 전공했다고 설계업무만 수행하게 되지는 않아요. 비록 자신이 설계 전문가라고 하더라도 부동산개발업무를 하게 될 수도 있고 건축물의 유지관리 업무를 담당하게 될 수도 있죠. 그러므로 건축 전반의 다양한 분야에 대한 이해도와 기본 역량을 갖추는 게 중요하답니다.

내가 생각하고 있는 건축사, 건축공학기술자의 자격 요건을 적어 보세요!

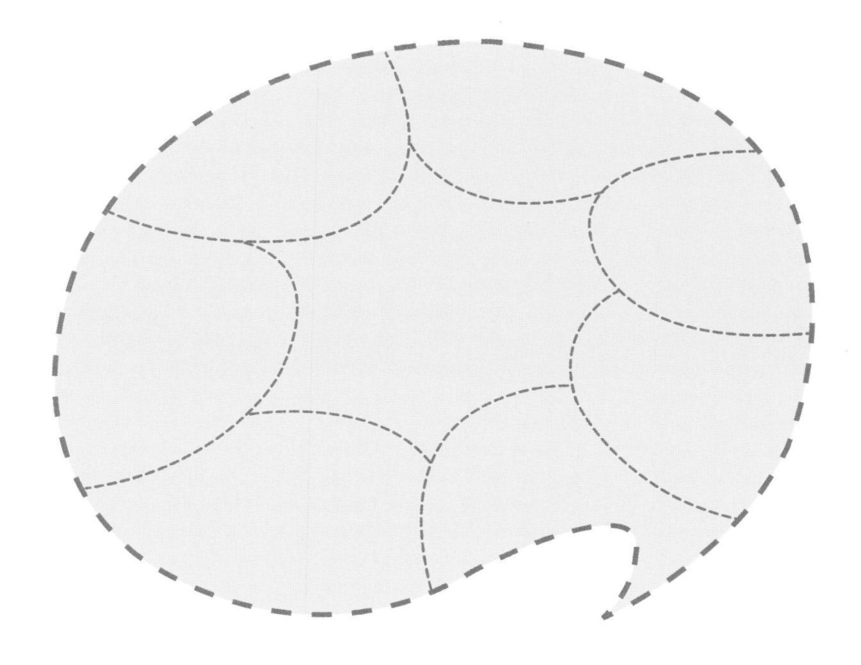

건축사, 건축공학기술자의 좋은 점 • 힘든 점

톡(Talk)!
양승규

| 좋은 점 |

적정한 워라밸과 복지가 좋아요

공기업에서 근무하는 건축기술자의 최고 장점은 적정 워라밸을 가지고 근무할 수 있다는 점입니다. 유연근무제도가 있어 근무시간을 원하는 형태로 조정할 수도 있습니다. 저는 월~목요일은 30분 일찍 출근하고 금요일에는 2시간 일찍 퇴근하는 근무시간을 이용하고 있죠. 회사에서 운영하고 있는 연수원 시설 이용, 다양한 직원 교육 프로그램, 경조사비 등 직원 복지도 꽤 좋답니다.

톡(Talk)!
권이철

| 좋은 점 |

건축가의 업무 범위가 다양해지고 있죠

직업으로서 건축가의 업무 범위는 지속해서 넓어지고 다양해지고 있답니다. 그것은 사회의 요구에 따른 것이기도 하죠. 이전에는 건축설계와 건축공사감리를 주로 했다면 현재는 철거공사감리, 구조감리, 건축물 전체 생애주기에 따른 건축물 관리 업무와 리모델링, 인테리어 등 다양해지고 있습니다. 또한 사회적 요구의 복잡성에 따라서 건축물 초기 계획인 기획설계 업무가 늘어나고 있기에 이에 따른 건축가의 비전은 밝습니다.

톡(Talk)!
조재완

| 좋은 점 |

자율성, 독립성, 전문성이 매력이죠

좋은 점은 자율성과 독립성이 보장된다는 것이죠. 지속적인 연구 수행으로 본인의 전문성을 키워나갈 수 있습니다.

톡(Talk)!
방재웅

| 좋은 점 |

성과물을 완성해가는 재미가 쏠쏠해요

어려운 일을 풀어나가면서 완성되는 모습을 보면 많은 성취감과 큰 보람이 찾아옵니다. 또한, 다양한 분야의 사람들과 이야기하면서 서로 윈윈하여 성과물을 완성해나가는 재미가 있는 직업이죠.

톡(Talk)!
장윤규

| 좋은 점 |

건축은 다양한 분야와 접목이 가능하죠

자신의 디자인이 도시에 실재하는 건축물로 완성되는 것을 지켜봄으로써 다른 직업에 비해 성취감은 크다고 볼 수 있죠. 또한 관심에 따라서 건축을 베이스로 다양한 분야와 접목도 가능하답니다.

톡(Talk)!
박현근

| 좋은 점 |

젊게 살면서 기쁨과 긍정적인 에너지를 많이 얻어요

좋아하는 건축과 건축설계를 위해 힘든 20대 30대를 거쳐 40대에 접어들면, 자신의 삶에 대한 자신감과 소신이 생기는 것 같아요. 저를 포함한 주변의 건축사들을 보고 있으면 대부분 그런 것 같아요. 주변에 흔들리지 않고 약자에게 강하게 굴거나, 강한 자에게 약하게 구는 그런 삶을 살지 않아도 된다는 것이 가장 큰 삶의 장점인 것 같아요. 또한, 매우 젊게 산다는 것입니다. 아마 직업적으로 기쁜 사람들(저희 건축사를 찾아오는 사람들은 대부분 건물을 지으려고 찾아오시는 기쁜 사람들이죠)을 가장 다양하고 깊고 오래 만나는 직업인 것 같아요. 그렇기 때문에 건축 과정에서 긍정적인 에너지를 많이 얻게 됩니다. 가장 큰 기쁨은 제가 디자인한 것이 그대로 만들어지잖아요. 그리고 그곳을 사용하는 사람들이 기뻐하는 것을 보면 정말 뿌듯하죠. 젊은 직원들과도 깊이 대화를 나누기 때문에 매우 젊게 살 수 있는 것 같고요. 건축사의 기본 성향 중에는 듣기를 잘해야 하는 게 있습니다. 그러다 보니 타인을 이해하고 공감하는 능력도 향상되죠.

톡(Talk)!
조재완

| 힘든 점 |

다양한 일들을 동시에 해내야 합니다

학부 및 대학원 수업, 연구활동, 학생 지도, 학과 행정, 외부 활동 등 다양한 일들을 동시에 관리하고 처리해 나가야 한다는 것이 단점이 될 수 있겠습니다. 그렇지만 그만큼 보람이 있습니다. 연구 성과와 학생들의 성취도, 학계/사회에 대한 기여 등을 생각하며 뿌듯함을 느낍니다.

톡(Talk)!
권이철

| 힘든 점 |

계속 배우고 익히는 게 부담이죠

건축을 약 20년째 하고 있는 지금도 지속해서 배우고 탐구하는 시간을 가져야 이 직업을 원활하게 해나갈 수 있습니다. 꾸준히 공부하는 게 부담이라면 힘든 일일 수 있죠.

톡(Talk)!
박현근

| 힘든 점 |

다양한 일을 하면서 바쁘죠

일이 많으면 많아서 바쁘고, 일이 적으면 일을 수주하기 위해서 바쁘죠. 평생에 한 번 건물을 짓는 client들은 항상 건축사에게 너무 많은 일을 부탁하려고 합니다. 전화도 많이 받고, 미팅도 많고, 현장도 많이 나가봐야 하고, 직원들도 가르쳐야 하거든요. 그래서 시간이 항상 부족하답니다.

톡(Talk)!
양승규

| 힘든 점 |

원치 않는 지역에서 근무할 수도 있어요

한국전력공사는 전국에 사업소가 있는 공기업이다 보니 전국단위 순환근무를 해야 합니다. 현 근무지에서 일정기간이 지나면 타지역으로 이동해야 하는 경우가 생깁니다. 특히 신입사원일 때는 원하는 지역이 아닌 지역에서 근무하게 될 경우도 있습니다.

톡(Talk)!
방재웅

| 힘든 점 |

이해관계에 따른 고민과 스트레스가 많아요

건축이라는 부분이 순수 미술이 아니기에 많은 자본이 투입되고 많은 참여자(시공사, 건축사, 감리 등)가 존재하다 보니 현실적인 문제에 부딪히게 되고 그러한 문제에서 당황할 수 있습니다. 성과물을 만들기 위해 많은 고민과 스트레스를 받을 수도 있고요.

톡(Talk)!
장윤규

| 힘든 점 |

개인적인 생활이 부족한 편입니다

개인적인 생활보다는 전문성을 위해 많은 시간을 할애하여야 그 성취가 달성된다는 점이 부담으로 다가올 수도 있죠.

건축사, 건축공학기술자 종사 현황

◆ 건축사

건축사는 남성 비율이 높고, 40대 연령의 비율이 높다. 학력은 대졸 이상인 경우가 많으며, 근로자 중 중앙에 있는 임금(중위수, 중앙값)은 연 4,522만 원으로 나타났다.

성별 / 학력

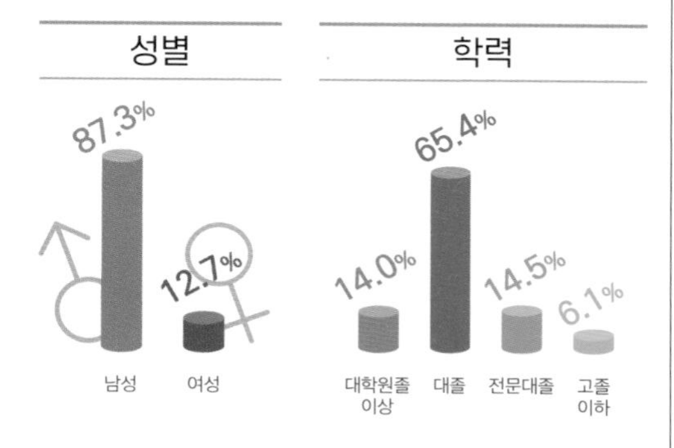

연령

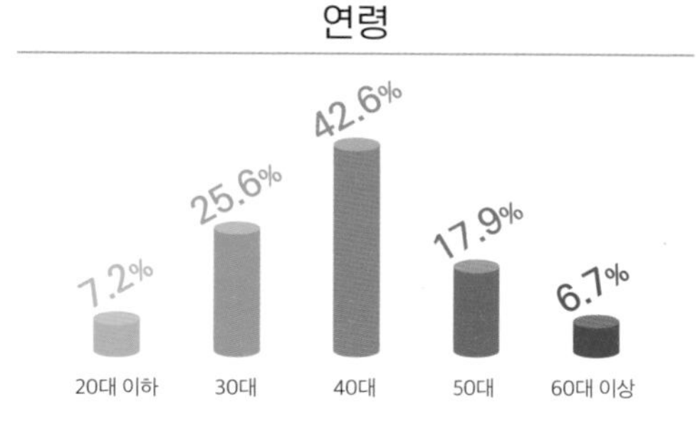

임금

◆ 건축공학기술자

건축공학기술자는 남성 비율이 높고, 40~50대 연령의 비율이 높다. 학력은 대졸 이상인 경우가 많으며, 근로자 중 중앙에 있는 임금(중위수, 중앙값)은 연 4,328만 원으로 나타났다.

성별 / 학력

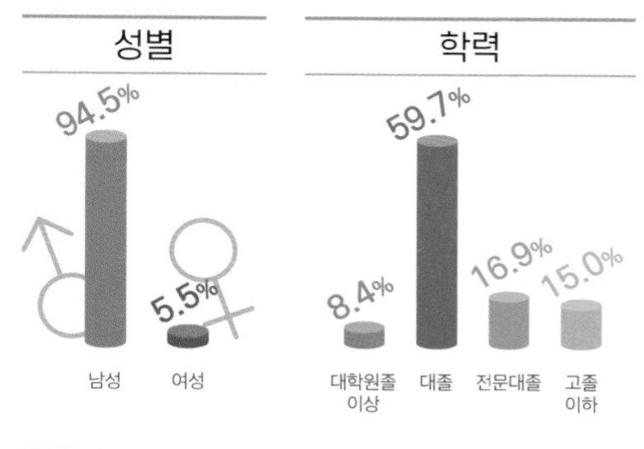

연령

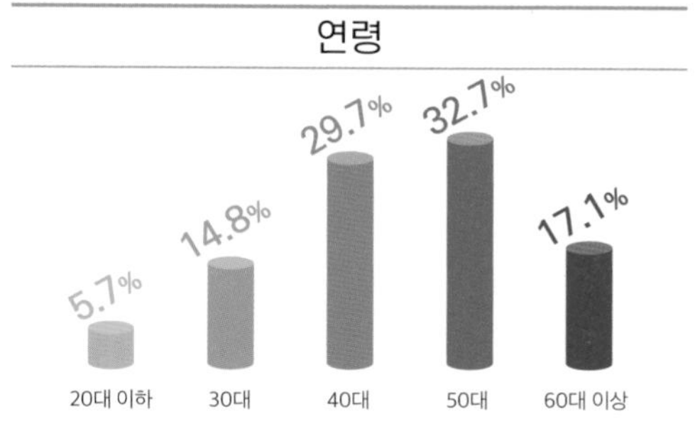

임금

자료: 워크넷 직업정보 2019년 7월 기준

건축사, 건축공학기술자의

생생 경험담

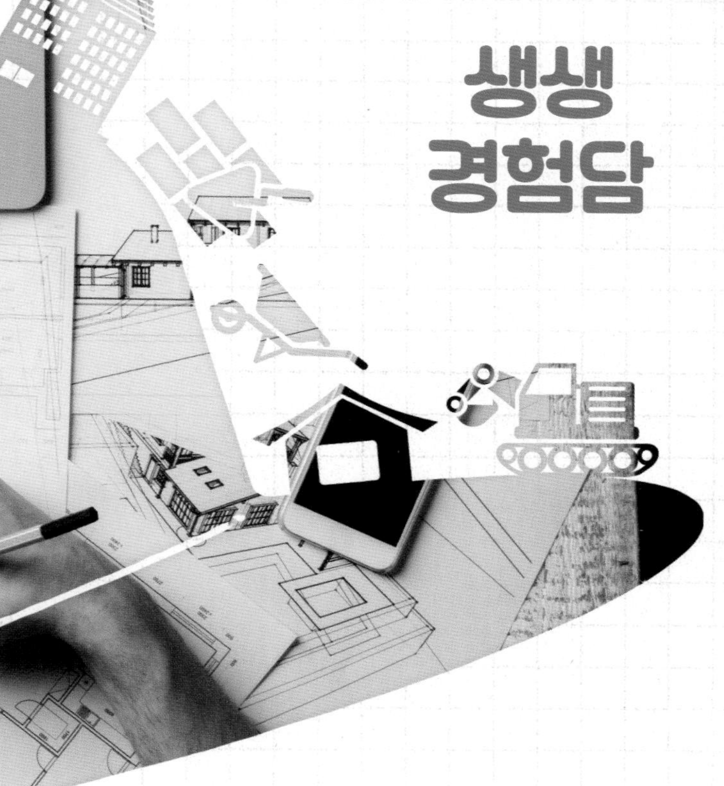

미리 보는 건축사, 건축공학기술자들의

장윤규 건축가

서울대학교 건축학 학사

서울대학교 대학원 건축학 석사,
서울건축

박현근 건축사

성균관대학교 건축공학과 학사

(주)정림건축종합건축사사무소

방재웅 건축사

경기대학교 건축학 학사,
건축기사, 건설안전기사

한양대학교 건설관리학(CM) 석사
공인중개사

권이철 건축사

서울시립대 건축공학과 학사

서울시립대 도시과학대학원
건축공학과 석사

양승규
건축공학기술자

강원대 건축공학과 학사

건축사사무소/건설IT벤처기업 근
건축사 취득

조재완 교수

서울시립대 건축공학과 학사

서울시립대 건축공학과 석사

커리어패스

운생동 설립,
2001일본저널 10+1 세계건축가 40인 선정

현) 국민대학교 건축학부 건축설계 전공 교수,
<운생동 건축가그룹>의 대표,
갤러리정미소 (대표)

(주)건축사사무소 DMP,
건축사 취득

현) 건축사사무소 재귀당 대표/소장/건축사,
서울시 건축사회신문 편집장

건축사(KIRA),
건축구조 전문건축사,
녹색건축인증전문가(G-SEED))

현)라움 건축사사무소 대표, 서울중앙지방 법원 감정인, 서울과학기술대학교 에너지시스템학과 박사과정

㈜해안종합건축사사무소,
건축사

현) 갓고다 건축사사무소 대표, 경기대 건축공학과 겸임교수,
서울시 공공건축가, 마을건축가

한양대 도시부동산개발전공 석사

현) 한국전력공사 차장/선임건축사,
BIM운용전문가
건축 분야 특급 건설기술인

미국 퍼듀대학 건축공학 박사학위 취득,
미국 'Oak Ridge National Lab' 박사후 연구원 과정

현) 인하대 건축학부 및 대학원
건축공학과 교수

1964년생으로 서울대 건축학과와 동 대학원을 졸업하였다. <운생동 건축가그룹>의 대표로서 건축과 예술, 건축과 문화의 통합된 구조를 찾는 실험적인 건축가다. 동시에 국민대 건축대학 교수로 재직하고 있다. 최근 2018년 세계적인 잡지 PLAN에서 커뮤니티 부문 국제건축상을 받았고, 2017년에는 '한내지혜의 숲'으로 서울시 건축상 대상을 받았다. 2007년은 국제건축상인 Architectural Review에서 수상하는 AR Award를 수상하였고, 2006년에는 미국 저명한 저널인 Architectural Record에서 세계에서 혁신적인 건축가에게 수여하는 Vanguard Award를 수상하였다. 2001년엔 일본저널 <10+1> 세계건축가 40인에 선정되기도 하였다. 대표작으로 종로구청복합청사, 한내지혜의 숲, 크링 복합문화센터, 예화랑, 생능출판사, 하이서울패스티벌, 오션 이미지네이션, 한남동 더힐갤러리, 성동복지문화센터 등 건축과 예술을 넘나드는 작업을 선보이고 있다.

운생동 건축가 그룹 대표

장윤규 건축가

현) <운생동 건축가그룹>의 대표
현) 국민대 건축대학 교수

- 서울대 건축학과/대학원 졸업
- 2018년 PLAN 커뮤니티 부문 국제건축상 수상
- 2017년 '한내지혜의 숲' 서울시 건축상 대상 수상
- 2007년 국제건축상 AR Award 수상
- 2006년 Architectural Record에서 Vanguard Award 수상
- 2001년 일본저널 <10+1> 세계건축가 40인 선정
- 유튜브채널 건축공감, 갤러리정미소, UP출판, UP아트를 운영

건축사, 건축공학기술자의 스케줄

장윤규
건축가의
하루

08:00 ~ 09:30
- 기상 및 출근 준비

09:30 ~ 13:00
- 걸어서 출근하면서 생각을 정리하고, 할 일을 구상함
- 출근하자마자 1시간 정도 건축 스케치
- 건축설계 프로젝트 전체 회의
- 설계프로젝트 콘셉트 스터디

13:00 ~ 13:30
- 점심식사

13:30 ~ 19:00
- 설계스튜디오 강의
- 설계프로젝트 건축 디테일스터디

19:00 ~ 20:00
- 퇴근

20:00 ~
- 아트 작업(회화, 조형물 작업)

달동네가 건축의 영감을 주다

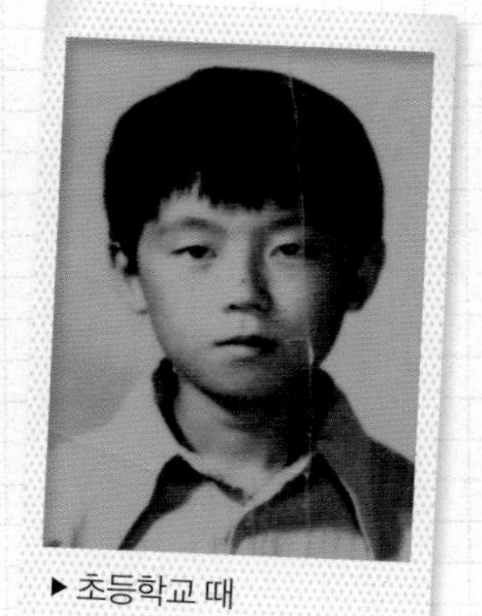

▶ 초등학교 때

▶ 대학 시절

▶ 대학 시절

▶ 대학 시절

Question **어린 시절을 어떻게 보내셨나요?**

소위 '달동네'라고 말하는 집에서 어린 시절을 보냈어요. 달동네 전체가 보이는 집에 살았는데 형편이 어려웠다는 기억보다는 다양한 집들이 살아가는 모습이 기억에 남아요. 여러 편의 드라마처럼 항상 바라볼 수 있었던 장면이 어쩌면 건축 분야로 저를 이끌었는지도 모르겠네요.

Question **학창 시절에도 꿈이 건축가였나요?**

아뇨. 사실 저는 학창 시절 시인이 꿈이었답니다. 온종일 한마디도 안 하는 소심한 성격이었죠. 좋아하는 과목은 수학과 물리였지만, 좋아하는 분야는 문학과 철학 그리고 미술이었답니다. 어쩌면 이과적인 성향과 문과적인 성향을 동시에 갖추었다고 할 수 있겠네요.

Question **부모님의 기대 직업과 본인의 희망 직업은 일치했나요?**

그렇지는 않았던 것 같아요. 부모님은 제가 법률가가 되기를 원했던 거로 기억이 납니다. 하지만 저는 고등학교를 서울공고 건축과로 진학하면서 건축가의 길로 들어서게 됐죠.

Question

학창 시절 진로에 도움이 될 만한 활동이 있었나요?

특별활동 시간에 미술반에 들었는데 데생의 기초나 다양한 미술적 표현을 접하는 계기가 되었어요. 이것이 이어져 대학에서도 '아트마니아'라는 동호회 활동을 했었죠.

Question

건축학을 전공하게 된 계기는 무엇이었나요?

시인이자 건축가인 이상 시인을 좋아했었고 그분이 제가 건축가의 길을 선택하도록 동기부여를 주신 분입니다. 시집을 통해서 만났지만, 인생을 통틀어 항상 생각하는 멘토와 같은 존재이죠. 건축과 시는 참으로 서로 통하는 영역인 것 같아요. 아마도 건축과 시가 모두 삶의 담론이기 때문이겠죠.

Question

진로 선택 과정에서 도움을 준 사람이 있나요?

건축설계라는 전공으로 저를 이끌어주신 멘토는 서울대학교에서 만난 김진균 교수님입니다. 건축을 디자인한다는 것이 괴로운 고뇌의 과정이 아니고 즐거운 것이란 걸 깨닫게 해 주셨죠. 정말 고마운 분이지요. 건축설계가 고통스럽고 힘겨운 작업이라는 인식에서 벗어나지 못했다면 아마도 이 일을 오래 하지 못했을 것 같아요.

Question

대학 생활은 어떠셨나요?

대학 시절에는 아침 6시에 도서관에서 시작하여 저녁 11시까지 수업 시간 빼고 온종일 도서관에서 살았죠. '도서관 학파'라는 별명도 있었죠. 도서관의 모든 책을 봐야 하고, 책 속에 모든 진리가 있다고 생각했었죠. 대학 다닐 때만 해도 건축설계를 학문으로 받아들였기 때문에 지금은 말도 안 되는 이야기겠지만, 도서관에서 건축설계를 했던 것으로 기억이 납니다.

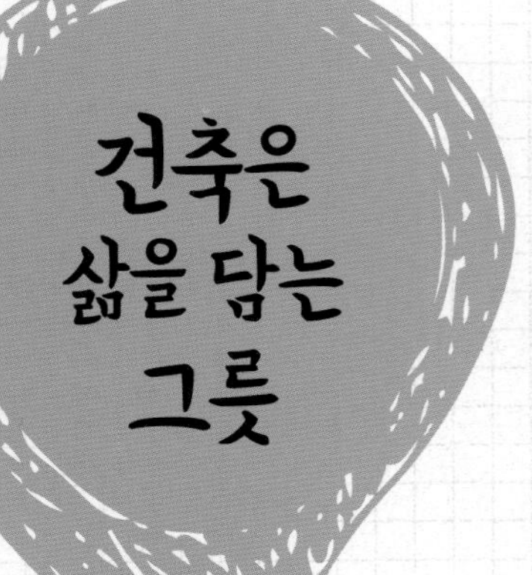

▶ 모형 스터디

▶ 디자인 컨셉 설명 중

▶ 스케치 중

Question

직장생활 중 특별히 기억에 남는 에피소드가 있으신지요?

서울건축에 다닐 때 '김태수여행장학제'에 뽑혀서, 그 장학금으로 유럽 여행을 두 달 동안 하게 되었죠. 근대 거장의 작품들을 보면서 새롭게 건축설계에 대한 의지를 다졌습니다. 건축에 대한 안목과 이해가 깊어지는 계기가 되었고요.

Question

건축가가 되기 위해서 어떤 준비가 필요할까요?

건축은 단순한 공학이 아니라 인문학이며 예술이기도 하므로 다양한 분야에 대한 이해가 필요해요. 또한, 건축은 인간의 삶을 담는 그릇과 같아서 인간의 삶에 대한 이해를 동시에 가지고 있어야 합니다. 다양한 경험, 여행, 책 읽기를 통해서 폭넓은 통찰력을 키워나가는 것이 중요하다고 생각해요.

Question

건축 과정에서 가장 중점을 두는 요소는 무엇인가요?

제가 건축하는 과정에서 가장 중요시하는 것은 바로 '새로움'입니다. '건축 실험'이라는 모토로 건축을 시작했었고, 지금까지 없었던 진보적인 건축을 찾아내려고 노력해왔습니다. 새로움은 변화를 의미하겠죠. 새로움을 잃어버리면 건축은 재미도 없고 의미도 없는 영역으로 추락해 버리고 맙니다.

Question **'운생동 건축'에 대한** 소개 부탁드립니다.

<운생동 건축:Unsangdong Architects Cooperation>은 한국에서 가장 혁신적인 건축개념을 찾아내고 가장 실험적인 건축디자인을 추구하는 건축가 집단입니다. 건축설계, 인테리어, 건축기획, 프로그램밍, 대단위 단지계획 등 여러 분야를 협력 건축가의 방식으로 수행하고 있죠. 또한 건축을 넘어서 문화적 확장과 사회적 역할을 만들어내기 위해서 유튜브채널 건축공감, 갤러리정미소, UP출판, UP아트를 운영하고 있습니다.

Question **첫 프로젝트는** 어떤 것이었나요?

운생동을 개소한 후, 첫 프로젝트는 '예화랑'이란 건축물이었죠. 건축의 시작은 대지와 도시를 이해하는 것과 공간을 채울 프로그램을 이해하는 데 있죠. 첫 업무는 프로젝트의 대지와 도시를 먼저 리서치하는 것이었습니다.

Question **다른 직장과 일하는** 방식이 다른가요?

프로젝트를 발전시키기 위해서 일반 직장인처럼 일하는 것이 아니라 집중적으로 시간을 투여해야 하는 경우가 많아요. 퓨터작업, 모형작업, 프리젠테이션, 회의 등을 연속해서 진행하며 프로젝트를 발전시켜야 하죠.

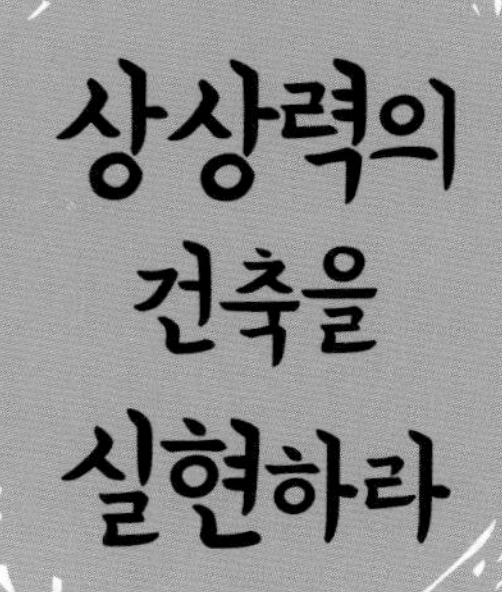

▸ 강연하는 모습

▸ 완공 건축물에 대해 설명 중

▸ 최근 프로필 사진

Question **건축가가 되고 나서 새롭게** 알게 되신 점이 있다면?

건축을 통해서 사회와 도시를 바꿀 수 있으며 인간의 삶도 바꿀 수 있다는 겁니다. 왜냐하면 건축은 상상을 통한 디자인이며 예술의 영역이기 때문이죠. 환경이 바뀌면 환경 속의 사람도 바뀔 거라는 믿음이 있어요.

Question **본인만의** 건축 철학이 있으실까요?

네. 바로 '상상력의 건축'입니다. 이젠 사회적 상상력이 만들어내는 새로운 도시와 건축이 필요한 시기입니다. 우리는 상상력이라는 가능성을 건축에 도입함으로써, 도시와 사회를 바꾸는 도구로 치환하려고 하죠. 건축도 단순히 공간과 형태를 만드는 데 그치는 게 아니라, 도시와 사회적 맥락 혹은 인간의 사고 변화에 반응하는 방식을 재정의해주기를 강력하게 요구하는 시대가 되었답니다. 실험적이고 개념적인 건축의 역할을 사회적인 이슈로 끌어와서 현재의 도시와 사회를 변화시키는 가능성을 탐구하는 것이죠. 상상력의 시작은 기존의 공간적 구조를 새롭게 발견해내거나 새로운 프로그램의 조합을 실현해내는 겁니다. 전통적인 도시공간의 개념이나 공간을 규정하는 개념적인 부분에서부터 기존의 건축을 이루는 물리적인 요소까지 의문을 던집니다. 이런 식으로 새롭게 재정의해 낸 다양한 시도를 통하여 흥미로운 건축적 제안을 만들어내는 것이죠.

지금까지 했던 건축물 중에서 가장 기억에 남는 것은 무엇인가요?

<크링 복합문화센터>라는 건축물로, 건축과 예술의 경계를 허무는 건축물을 제안하려 했죠. 마치 환경 조각물과 같이 건축 조형을 구성하고 내부는 연극 세트와 같이 다양한 이벤트를 수용하는 공간을 구성하였습니다. 당시에 일반인에 인기가 많아서 드라마, 각종 광고 매체 등에도 많이 소개되었던 거로 기억됩니다. '운생동'의 이름을 대중에게 각인시킨 작품이기도 하죠.

Question

특별한 삶의 계획과 목표가 있으신가요?

건축은 아름다운 형태와 공간을 만드는 것은 당연하고, 앞으로는 건축을 통해서 도시와 사회를 바꾸는 촉매제와 같은 역할을 수행할 수 있도록 제안하려고 합니다. 즉 <사회적 건축>을 통해서 지구의 환경문제, 재난, 도시재생 등 인간과 도시, 환경을 공생하게 하는 역할로서의 새로운 건축을 찾아낼 겁니다. 또한 미래적 건축, Visionary Architecture란 주제로 현재의 도시를 새롭게 바꾸는 실험적이고 혁신적인 건축 제안을 모색하려 합니다.

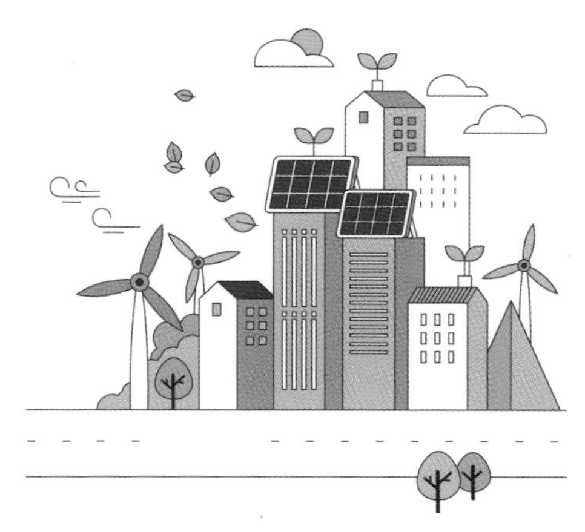

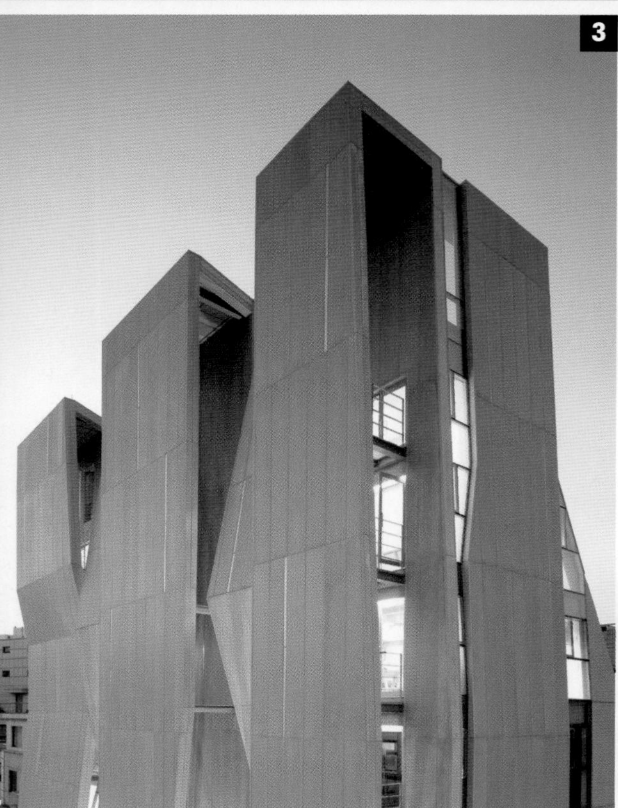

1 성수복지문화센터
2 한남동 더힐갤러리
3 예화랑 갤러리
4 하이서울페스티벌
5 한내지혜의 숲

6 오션이미지네이션(여수EXPO전시)
7 종로구청 복합청사
8 크링 복합문화센터

어릴 적 미술을 전공하신 아버지를 따라 야외스케치도 나가고 다양한 여행을 하면서 밝고 개방적인 성격으로 자랐다. 건축학과에 진학할 당시 IMF 시절이었지만 여행도 다니고 건축설계 작업도 열심히 하면서 어려운 시기를 극복하였다. 특히 '예람'이라는 작업실에서 선후배, 친구들과 함께 모여 과제를 두고 밤새워 토론하고 의견을 나누면서 건축가로서 성장하는 토대를 마련했다. 공모전에도 도전을 많이 했는데, 대학 3학년 때 건축대전에서 대상을 받으면서 건축설계에 자신감을 얻게 되었다. 졸업 후 첫 건축사사무소에서의 치열했던 경험은 향후 건축 실무에서 강력한 힘의 원천이 되었다. 재귀당을 설립해서 7년째 운영하고 있으며, 서울시건축사회 신문편집장으로 글도 쓰고, 직장 세미나 등에서 출강도 하고 있다. 또한 건축 관련 내용으로 유튜브 활용도 하고 있는 다재다능한 건축사이다.

건축사사무소 재귀당 대표

박현근 건축사

현) 건축사사무소 재귀당 대표/소장/건축사
서울시 건축사회신문 편집장

- (주)건축사사무소 DMP
- (주)정림건축종합건축사사무소
- 성균관대학교 건축공학과 학사

수상

- 경기대전 대상, 청소년수련시설 공모전 우수상
- 제3회 우리동네 좋은 집 찾기 공모전 - 대상
- 경기도 건축문화상 2회 수상

건축사, 건축공학기술자의 스케줄

박현근
건축사의
하루

* 토요일/일요일 밀린 업무나 개인 취미활동

07:00 ~ 08:30
- 기상(월요일은 05시 기상)

08:30 ~ 09:00
- 출근
- 해야 할 일 체크

09:00 ~ 12:00
- 프로젝트별 팀미팅
- 직원들과 함께 디자인 문제 해결을 위한 소통 시간 갖기
- client 전화 받기

12:00 ~ 13:00
- 점심

13:00 ~ 15:00
- client 미팅

15:00 ~ 18:00
- 각 프로젝트별 미팅

18:00 ~ 19:00
- 저녁 식사

20:00 ~ 22:00
- 디자인 문제 해결을 위한 혼자만의 집중의 시간
- client 메일 답변
- 회사 운영 계획 고민

22:00 ~ 23:00
- 퇴근

23:00 ~
- 아빠와 남편으로서의 역할(집안일 등)

공부가 뒷전인 다재다능한 소년

▶ 5~6세 때

▶ 초등학생 때(맨 오른쪽)

▶ 대학 때 자전거 전국 일주(왼쪽)

Question **어린 시절의** 경험을 알고 싶어요

매우 활발하고 장난 많은 아이였고, 지금도 좀 그런 것 같네요. 유머러스하다는 이야기를 많이 듣거든요. 4형제 중 막내로 자라면서 스스로 무언가를 얻어내기 위해서 노력을 많이 하는 편이었던 것 같아요. 장난이 너무 심해서 벌도 많이 받았고요. 미술을 전공하신 아버지께서 야외스케치가 있을 때 들로 산으로 계곡으로 많이 다니셨는데, 그 기억이 가장 많이 나네요.

Question **학창 시절 특별한** 꿈이 있었나요?

초등학교 때 꿈은 체육 선생님이 되는 것이었고, 중학교 때는 사춘기라 꿈이 없었죠. 그리고 고등학교 때 건축가가 되겠다고 다짐했죠. 별도로 건축가가 되기 위해서 특별히 한 것은 없습니다.

Question **미술을 전공하신** 아버지의 기질을 닮았나요?

미술을 전공하신 아버지는 오히려 제가 그림 그리는 걸 탐탁지 않게 여기셨죠. 아마도 당신께서 힘드셨으니 '그쪽 길로 가지 마라'는 뜻이었겠죠. 어려운 형편이었지만 그다지 부족하지 않은 청소년기를 보냈던 것 같아요. 놀기 좋아하고, 여행 좋아하고, 이벤트 많이 하려고 하는 그런 아이였죠. 다재다능하다는 이야기를 많이 듣고 자랐던 것 같아요. 하지만 공부엔 집중을 못 했죠. 고등학교 때 반에서 한 10등 정도였던 걸로 기억해요.

Question

좋아하는 과목이나 분야가 어떤 것이었나요?

수학과 물리를 가장 잘했던 것 같은데 많이 좋아하는 과목은 아니었어요. 체육을 가장 좋아했었고 미술도 좋아했어요. 하지만 저희 때 학교 수업이라는 게 별로 특이한 게 없어서 수업 자체를 좋아하지 않았던 것 같아요. 불합리한 것을 보면 따지고 새로운 것을 상상하고 계획하는 걸 좋아했어요.

Question

학창 시절 진로에 도움이 될 만한 활동이 있었나요?

어렸을 때부터 아버지를 따라 자연으로 놀러 다녔던 것이 약간은 영향이 있는 것 같고요. 중고등학교 때에도 여행을 많이 다닌 것이 영향이 조금 있었던 것 같아요. 그리고 뭔가 만드는 것을 좋아했던 것 같아요. 그러한 경험과 성향이 지금껏 건축을 하게 하는 바탕이 되지 않았을까 생각합니다.

Question

건축학에 관심을 품게 된 계기가 무엇이었나요?

고등학교 때 맥심커피 광고의 모델이 건축가 류춘수였어요. 그걸 보고 너무 멋있다고 생각했었죠. 그 당시 어른들에게 물어보니 돈도 잘 벌고 멋있고 약간은 자유로운 직업이라는 이야기를 들었죠. 저의 성향과 맞을 것 같아서 건축공학과에 진학하게 되었습니다. 그리고 그때 당시 인기 드라마, '우리들의 천국'에서 주인공들이 건축공학과를 다녔고, 드라마 내에서 모형을 만들고 도면을 그리고 하는 것이 너무 좋아 보였어요.

Question IMF 시절, 대학 생활이 힘들진 않으셨나요?

IMF 때 대학을 다녀서 대학 생활 전반이 힘든 느낌이었어요, 워낙 취업이 잘 안 되었으니까요. 하지만 그 와중에도 여행을 많이 다녔던 것 같아요. 매번 방학 때는 건축하는 선후배들과 전국으로 건축 답사를 다녔고, 친한 친구들과는 무전여행, 자전거 전국 여행을 다녔지요. 자전거 여행 중에 현재의 아내도 만났답니다. 지금 생각해보니 정말 바쁘고 재미있게 대학 생활을 한 것 같아요.

Question 작업실 '예람'에 대한 기억이 남다르다고요?

90년대는 한 클래스에 30~40명 정도여서 건축설계 수업 시간에 교수님에게 많은 걸 배울 수가 없었죠. 건축설계에 뜻이 있는 선후배 친구들과 같이 합숙했어요. 작업실이라고 불렀는데, 그곳에서 과제를 두고 밤새워 토론하고 의견을 나누면서 서로 자극을 주고받았죠. 성장하고자 하는 꿈이 있는 친구들이 모이는 곳이었어요. 졸업한 선배들도 가끔 찾아와 설계작업을 크리틱해주는 등 많은 도움을 받을 수 있었죠. 대학교 시절의 그 작업실(건축 스튜디오 예람: 지금은 없어졌어요)의 기억이 가장 많이 남습니다. 공모전에도 도전을 많이 하면서 건축설계를 열심히 했어요. 대학교 2학년 때 공모전에 입상의 고배를 마셨지만, 3학년 1학기 방학 때 심기일전해서 건축대전에서 대상을 받고, 또 다른 공모전에서 우수상을 받으면서 건축설계에 자신감을 얻게 되었답니다. 그 작업실 생활이 현재의 저를 만든 가장 큰 원동력입니다.

▶ 대학 작업실 친구들과 건축 답사 (왼쪽 두번째)

젊을 때 고생은 사서도 한다

▶ 재귀당

▶ 야구하는 모습

▶ 지금 차 트렁크 - 야구장비, 낚시장비, 골프장비

Question

건축사사무소에서의 첫 경험은 어떠셨나요?

2000년대 초반의 건축사사무소는 야근과 철야가 너무 많았어요. 현재는 급여나 근로 여건이 많이 좋아졌지만, 제가 회사 초년생일 때는 정말 일을 많이 했답니다. 같이 밤새우고, 일찍 퇴근한 날은 동료들끼리 건축에 관한 이야기를 하면서 밤새워 술 먹었던 기억이 깊게 남아있어요. 그때는 힘든 시간이었지만 지금의 나를 만들어준 행복한 시간이었던 것 같아요. 같은 것을 좋아하는 사람들과 정말 많은 시간을 같이 고민하고 답을 찾아 나가는 과정은 젊었을 때 아니면 해보기 힘든 경험이었죠.

Question

건축사사무소의 동료들은 현재 어떻게 지내시나요?

건축사사무소에서 같이 고생했던 동료들은 15년이 지난 지금은 대학교수로, 회사의 임원으로, 공공기관 연구원으로, 증권사, 투자사 등으로 일하고 있어요. 저처럼 건축사사무소의 대표 건축사로 활동하기도 하고요. 밤새워 일하고 건축에 관해 깊게 토론했던 경험이 모두에게 좋은 밑거름이 되었다고 생각합니다.

Question 야구가 건축설계와 관련이 있다고요?

대학교 다닐 때 계속 야구동아리 활동을 했었는데, 야구라는 스포츠가 혼자 잘한다고 이기는 게 아니고 협동이 매우 중요한 운동이죠. 협력도 해야 하고 희생도 해야 하는 스포츠입니다. 나중에 건축사사무소에 입사하고 건축 실무를 배우면서 협력이 매우 중요하다는 사실을 알게 되었죠. 야구에서의 스포츠정신과 매우 비슷하다는 것을 깨달았습니다. 그래서 건축설계를 계속하고 있는 지금도 야구라는 스포츠를 즐기고 있습니다. 참 유사한 점이 많다고 생각합니다.

Question 건축사자격을 갖추는 과정을 설명해주시겠어요?

건축사가 되기 위해서는 한국건축학교육인증원(KAAB)의 인증을 받은 5년제 건축학과를 졸업하고 3년 동안 실무수련을 하는 방법이 있고요. 인증받지 않은 5년제 건축학과를 졸업하고 4년의 실무수련을 해도 됩니다. 4년제 건축학과나 건축공학과는 대학원 2년 진학 후 실무수련 3년을 거쳐야 건축사 시험을 볼 수 있는 자격이 생깁니다. 실무수련이란 건축사사무소(건축사가 대표인 회사)에 취업해서 경험을 쌓는 것을 말합니다. 그런 자격을 취득한 후, 건축사시험을 통과해야 건축사 자격증을 취득할 수 있습니다. 건축사 시험 또한 쉽지는 않습니다. 합격률도 매우 낮으며 1년에 2번 시험을 치릅니다. 건축사 자격증을 취득하기 위해서 실무수련을 하면서 보통 몇 번의 도전을 해서 자격증을 취득합니다. 건축사시험에 합격해 건축사자격을 취득한 후에야 자신이 대표가 되어 자신의 이름으로 활동(건축물 설계, 감리 등)할 기회가 생깁니다.

Question 직업으로 건축가를 확정하게 된 이유가 있나요?

대학 때 저의 성향은 놀기 좋아하고, 술 좋아하고, 여행 좋아하고, 사람과 대화하는 것을 좋아한다고 해서 선배들이 '야 너는 시공사 가면 임원, 사장까지 그냥 하는 성격이다'라고 시공사에 가기를 많이 권했었죠. 하지만 저는 개인적으로 제가 생각한 계획안의 도면을 그리고 모형을 만드는 게 정말 재미있었죠. 또 도시를 돌아다니면서 도시의 문제점, 건축의 역사 등을 배우는 것도 의미가 있었고요. 건축사사무소에 취업하고 건축사의 길로 가겠다고 다짐한 이유는 결국 작업하는 게 재미있었고, 그것을 계속하고 싶고 잘하고 싶다는 생각밖에 없었습니다.

Question 대학 시절의 공부가 현 직업에 큰 영향을 끼치나요?

대학 시절에 학생 건축공모전에서 대상, 우수상을 받았던 경험이 좋은 영향을 끼쳤죠. 그 포트폴리오로 좋은 건축사사무소에 취업할 수 있었습니다. 그곳에서 훌륭한 건축 선배, 동료, 후배들을 만났고 그들과 함께 작업했던 많은 기회가 저를 성장시켰고, 현재의 건축사사무소를 운영하는 밑바탕이 된 것 같아요. 건축학과 학생들에게 가장 중요한 것은 학교 과정에 있는 설계 수업에 충실히 임해서 좋은 작품을 만드는 겁니다. 그래서 학생 입장에서는 학교에서 하는 설계 수업이 가장 중요하고요. 그리고 학생공모전 같은 것이 많이 있습니다. 그런 것에 자주 도전해보는 것도 좋아요. 그러면 졸업할 즈음에는 자신의 건축설계 포트폴리오가 풍부해지고 건축관도 생겨나기 시작합니다. 그러면 원하는 건축사사무소를 들어가기가 훨씬 수월합니다.

Question **현재 하시고 계신 일에 대한 설명을 부탁드립니다.**

건축사사무소 재귀당을 설립해서 7년째 운영하고 있습니다. 건축물을 짓고 싶어 하는 client(개인 또는 회사)를 만나서 신축건물을 설계하고, 공사 시에 공사를 감리하는 일이 주요 업무입니다. 서울시건축사회 신문편집장으로 글도 많이 쓰고, 직장 세미나 등에서 건축 관련 이야기를 하기도 합니다. 건축 관련 내용으로 유튜브 등도 많이 찍고 있죠. 아무래도 주요 업무는 건축설계죠. 클라이언트의 요구사항을 해석해서 아름다운 건축물을 전체 비용 내에 맞춰 설계하는 것이 가장 재미있는 일입니다.

Question **건축사의 근무 환경이나 수입이 궁금합니다.**

저에겐 건물의 설계와 공사가 늘 있는 업무지만, 저에게 일을 의뢰하는 clinet(건축주)에겐 평생에 한 번 정도 있는 일이기 때문에 쉴 수 있는 날이 매우 적습니다. 하지만 일요일 하루는 무조건 쉽니다. 토요일도 한 달에 두세 번 정도는 어쩔 수 없이 미팅 등이 있기에 일을 하는 편이고요. 주말에 개인적인 일을 하기 위해서는 스케줄 관리가 매우 철저해야 합니다. 건축사사무소 대표는 연봉이 없죠. 직원들 인건비와 회사 운영비를 제외한 나머지 금액이 수입이라고 생각하시면 됩니다. 수입이 아주 많은 사람도 극소수 있지만, 대부분 건축사들의 수입은 평균 이상일 것입니다.

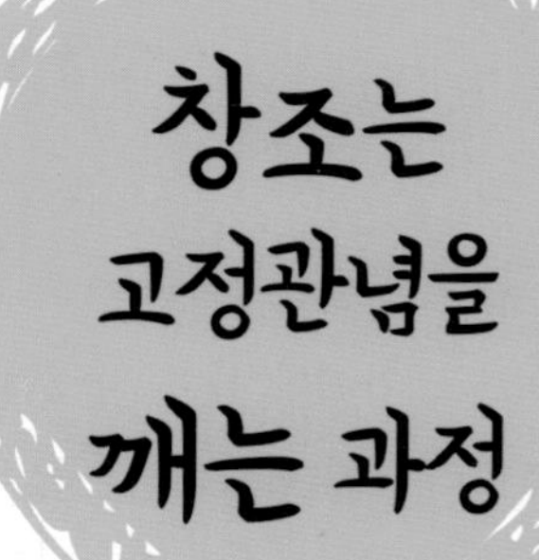

창조는 고정관념을 깨는 과정

▶ 재귀당

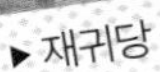

▶ 직원들과 낚시터

▶ 직원들과 설계회의중

Question 건축사와 건축사사무소 대표의 입장이 다른가요?

건축사는 건축물의 설계를 잘하면 되지만, 건축사사무소를 운영하는 순간 CEO의 마인드도 가져야 하며, 다양한 분야도 알고 있어야 합니다. 가장 중요한 것은 직원들과의 호흡이 매우 중요하다는 겁니다. 결국 건축작업은 혼자서 하기는 너무 힘든 작업이거든요. 그래서 동료 직원들과의 호흡이 절실합니다. 그리고 다양한 직종의 client를 1년 혹은 2년간 매우 깊이 만나기 때문에 다양한 분야의 사람들과 대화가 될 수 있는 폭넓은 스키마도 건축사의 필수조건인 것 같아요.

Question 건축사에 대한 잘못된 통념이 있을까요?

드라마에 나오는 주인공의 삶과는 아주 다릅니다. 제 아내가 예전에 많이 했던 말입니다. 드라마 '신사의 품격'을 보면서 주인공 장동건과 저를 많이 비교했답니다. 직업(건축)도 같고, 취미(야구)도 같은데 왜 당신은 바쁘고 여유도 없고 돈도 많이 못 버느냐고 이야기하며 같이 많이 웃었죠. 드라마와 비슷한 점도 많지만, 실제로 그렇게 개인적인 시간이 많이 나지는 않아요. 또한, 건축사로서의 전성기는 40~50대이기 때문에 이른 나이에는 경제적으로 여유롭지 않아도, 40대가 넘으면 어느 정도 여유가 생기는 편입니다.

▶ 직원들과 설계회의중

Question 본인만의 건축 철학이 있으신가요?

건축은 결과도 중요하지만 만들어내는 과정도 매우 중요하다는 생각으로 작업을 진행하고 있습니다. 그리고 건축주, 건축사와 더불어 건축사보(직원)들도 함께 즐겁고 보람을 느끼며 일해야 한다고 생각해요.

건축에 대한 개인적인 욕심은, 집을 예를 들어 설명하자면 '집은 항상 이러해야 한다.'라는 고정관념을 깨는 것입니다. 미술관의 공간구성이 집 안으로 들어올 수도 있고, 종교적인 건축적 어휘가 집 안으로 들어올 수도 있다고 생각합니다. 사용자의 가치관과 어울리는 공간구성을 찾아서 제시하고 그로 인해 사용자가 자신의 공간에서 감동을 받을 수 있도록 해주는 것이 저의 개인적인 건축적 바램입니다. 모두가 같은 공간에 살아야만 한다고 강요하고 있는 현재의 건축 환경을 조금은 거부하고자 합니다. 음식도 각각의 맛을 최고로 낼 수 있는 그릇에 담기지 않나요? 사람은 음식보다 더욱 다양합니다. 그래서 사람들도 자기 삶의 가치와 욕망에 맞는 공간이 모두 다르다고 생각합니다.

Question 업무 스트레스를 어떻게 해소하시나요?

개인적으로 좋은 사람과 만나서 수다 떠는 것을 좋아합니다. 건축, 경험, 인생, 문화, 사회, 정치 등의 이야기를 나누면서 업무 등으로 받는 스트레스를 해소하죠. 맛있는 음식과 술이 따르는 편이죠. 그리고 대화를 너무 심각하게 하지는 않으려고 합니다. 업무가 심각하다 보니, 대화는 즐겁고 유쾌하게 합니다. 그리고 운동을 자주 하는 편이에요. 한 달에 두 번 정도 야구 시합을 하고요.(감독 겸 선수로 뛰고 있습니다) 가끔 지인들과 골프도 즐깁니다. 시간이 허락되면 직원이나 가족들과 낚시를 가서 생각을 비우고 오기도 합니다. 그 외 직원들과 차량으로 현장을 같이 이동할 때 많은 이야기를 나누면서 힐링을 하고요. 건축 답사나 여행을 같이 다니기도 한답니다. 틈틈이 즐기는 여유가 직업을 오래 유지할 수 있게 하는 원동력인 것 같아요. 그래서 직원들 면접 볼 때도 취미생활이 분명한 친구들을 선호합니다. 너무 업무에만 치중하는 사람들은, 지쳤을 때 회복이 더디고 쉽게 좌절하는 모습을 많이 봤거든요.

Question 기억에 남는 건축물이 있을까요?

제 집을 설계했습니다. 아내와 아이를 위해서 전원주택을 짓고 현재 그곳에서 살고 있죠. 저는 공간이 사람을 바꾼다고 믿고 있습니다. 아파트의 삶보다는 정신적으로 매우 풍요롭게 살고 있답니다. 재귀당(원래의 자리로 돌아오고 싶은 집, 돌아와야만 하는 집)은 우리 집의 이름이기도 하고 우리 회사 이름이기도 합니다. 집을 지을 당시 아내의 요구 조건 중에, 나중에 우리 아이가 커서 언젠가는 집을 떠나더라도 바깥에서의 삶이 힘들고 지칠 때 언제든지 돌아와서 휴식, 치유, 안정을 취할 수 있는 집의 느낌을 담아주길 바라는 소망이 있었죠. 집의 디자인이나 형태나 공간이 그런 느낌을 줄 수 있어야 한다고 했습니다. 그래서 집을 디자인할 때 종교는 없지만, 흡사 종교시설(성당)의 느낌을 빌려서 집을 설계했지요. 제 딸은 여기서 7살 때부터 살았고 지금 초등학교 6학년인데 집에 대한 자부심이 대단합니다. 집의 형태는 당시에 아이가 그렸던 집 모양을 그대로 본떠서 만들었죠.

▸ 가족을 위해 지은 집, '재귀당'

수행 프로젝트

- 2004 현대자동차 환경기술 연구소
- 2005 롯데정보통신 데이터센터, 이화여자대학교 법학관
- 2006 제주돌문화공원 특별전시관
- 2006 부산대학교 양산캠퍼스 한방병원 및 대학원
- 2008 신라대학교 국제기숙사
- 2009 대구실내육상경기장
- 2011 광교 역사박물관 및 노인장애인복지시설
- 2013 세종시 대통령기록관 기술 제안
- 2014 서귀포 크루즈터미널 기술 제안
- 2015 재귀당 등 다수의 주택설계
- 2018 풍기읍 통합활성화센터 설계경기_우수작
- 2019 도시재생뉴딜사업 남산선비마을 거점시설_우수작
- 2021 주택, 근린생활시설, 문화시설, 사옥, 공공시설 등 진행 중

Question 앞으로 삶의 비전이 있으신가요?

아직 회사가 작은 회사이다 보니 큰 건물을 설계할 기회가 많이 없습니다. 앞으로 회사를 좀 더 키워서 더욱 다양한 프로그램과 규모의 건축물을 설계하고 싶습니다. 그리고 경제적으로도 조금 더 나아져서 직원들에게 좀 더 좋은 건축설계 환경을 만들어주고 싶은 게 저의 목표입니다.

Question 건축을 꿈꾸는 학생들에게 꼭 해주고 싶은 말씀은?

인간이 할 수 있는 가장 창조적인 작업 중의 하나가 건축입니다. 엄청난 에너지가 필요하고요. 매우 재미있는 일입니다. 물론 적성에 맞지 않는 사람들도 많이 있겠죠, 그런데 무언가를 상상해서 그려내고(그림을 지금 잘 그리지 못해도 됩니다), 만들어내는(만드는 것을 지금 잘못해도 됩니다) 것을 좋아할 수 있다면, 또한 끈기가 있고, 고집이 있다면 한번 도전해보라고 말하고 싶군요. 물론 대학의 수업도 힘들고 젊은 날의 실무수련도 힘들지만, 그 작업을 견디어 낸다면 그 어떤 직업보다 가치 있고, 멋있는 직업입니다. 앞으로는 건축설계 환경도 점점 더 좋아지고 있으니 도전해보라고 말씀드리고 싶네요.

1 양주 단독주택 '노올집'
노는(?)것을 좋아하는 가족의 집. 가족, 지인들과 집에서 즐겁게 놀 수 있는 집. 실내에서 마당으로 접근이 용이한 외부거실과 외부로부터 독립적인 마당을 위한 형태 디자인.

2 인천 단독주택 '돋움집'
가족의 삶의 이미지를 닮은 집. 서로의 삶을 북돋아 주는 삶을 살기를 희망. 땅을 닮고 가족을 닮은 '돋움자리표'를 만들었고, 그것을 그대로 형상화한 집

3 위례 듀플렉스 'H2J4'
대학선후배 가족이 같이 사는 집, 지하로 연결되어 공유하는 공간. 좁은 대지에서 스킵플로어로 공간을 구성해 입체적으로 풍부한 공간으로 구성한 집

4 용인 단독주택 '내맘이당'
직사각뿔 모형의 형태를 사선으로 자른 형태의 집. 부부와 가족의 독특한 삶의 스타일을 건축물의 형태에 반영해 온전히 '우리만의 집'이라는 느낌을 전달하고자 했음.

5 괴산 농가주택 'JS GALLERY'
전원생활을 원한 노부부의 집, 평생 고생한 아내에게 미술관 같은 집을 선물하고자 하는 의미가 담긴집. 넓은 농경지를 배경으로 주변과 잘 어울리는 미술관이라 생각하고 설계.

6 양평 cafe 'dalsomi'
서울에서 양평으로 제2의 삶을 시작하려는 가족의 집과 카페, 핫플레이스가 될 수 있도록 독특한 형태의 디자인과 공간으로 설계.

어린 시절 건축설계를 하시던 아버지를 보며 일찍부터 건축설계에 대한 매력을 느끼며 자랐다. 다소 내성적인 성격이었지만 다양한 분야의 책을 읽으며 세상을 이해하게 되었다. 대학에서 건축설계 과제를 하기 위해 팀원들과 밤을 지새우기도 하고, 마음이 맞는 선후배들과 같이 어울리면서 동아리 회장을 할 정도로 외향적으로 바뀌었다. '더 라움' 프로젝트를 진행하면서 건축주의 입장에서 건축 전 과정을 직접 경험하게 되었다. 건축주와의 소통의 중요성을 기반으로 라움건축사사무소를 설립하였다. 건축주의 입장에 서서 섬세한 디자인과 세밀한 공사관리를 제공하고 있다. 최근에는 IT기술을 건축설계 분야에 접목하는 노력을 기울이고 있다.

라움건축사사무소 대표

방재웅 건축사

현) 라움 건축사사무소 대표
현) 서울중앙지방법원 감정인

- 경기대학교 건축학 학사
- 한양대학교 건설관리학(CM) 석사
- 서울과학기술대학교 에너지시스템학과 박사과정
- 건축사(KIRA)
- 공인중개사
- 건축기사, 건설안전기사
- 녹색건축인증전문가(G-SEED)
- 건축구조 전문건축사

건축사, 건축공학기술자의 스케줄

방재웅
건축사의
하루

07:00 ~ 08:00
▸ 기상 및 하루 스케줄 파악

08:00 ~ 09:00
▸ 사무실 출근

09:00 ~ 09:30
▸ 오전 회의 프로젝트별 공정(진행 상황) 파악

09:30 ~ 12:00
▸ 발주처(건축주) 설계 미팅(2~3개 프로젝트)

12:00 ~ 13:00
▸ 점심

13:00 ~ 15:00
▸ 설계 1, 2팀 프로젝트 콘셉트 검토
▸ 건축설계 및 디테일 협의

15:00 ~ 18:00
▸ 진행 중인 프로젝트 현장 감리 or 발주처(건축주 설계 미팅)

18:00 ~ 19:00
▸ 각 프로젝트 팀별 진행 상황 체크

19:00 ~ 20:00
▸ 명일 및 금주 설계 미팅
▸ 현장 감리 일정 협의

20:00 ~ 21:00
▸ 건축잡지 및 건축설계 관련 스터디 및 트렌드 파악

21:00 ~ 24:00
▸ 개인 시간

24:00 ~
▸ 취침

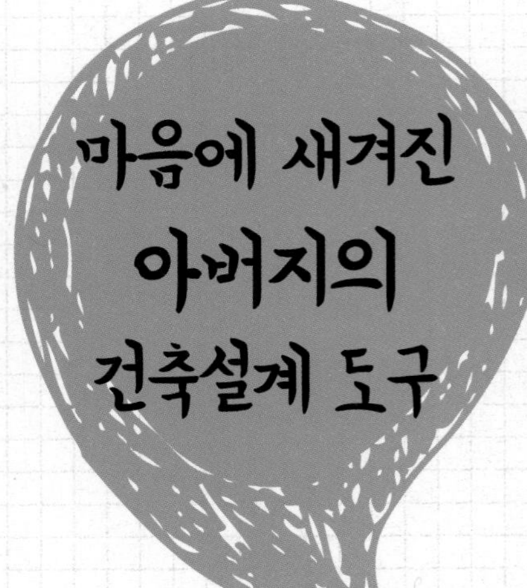

마음에 새겨진 아버지의 건축설계 도구

▶ 어린 시절 나들이

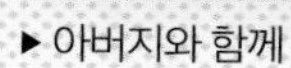

▶ 아버지와 함께

▶ 중학생 때

Question 어린 시절을 어떻게 보내셨나요?

건축설계 일을 하셨던 아버지를 보면서 어렸을 때부터 건축설계 도면이나 도구 등이 익숙하였고, 그런 모습을 바라보면서 건축설계에 대한 흥미를 느끼게 되었습니다. 내성적인 성격이라 앞에 나서는 걸 힘겨워하고 혼자서 생각하고 해결해나가는 프라모델, 레고 등을 좋아했죠. 다양한 만화책을 좋아하고 만화책에 있는 내용을 상상해보면서 혼자만의 세계를 갖는 걸 즐겨 했던 것 같아요.

Question 학창 시절에 어떠한 성향이었나요?

크게 눈에 띄거나 두드러지는 능력이 없어서 조용하고 내성적이었으며 나름대로 모범생이었던 것 같습니다. 딱히 어떤 과목을 좋아하진 않았지만, 책을 읽는 것을 좋아해서 다양한 분야의 책을 읽었습니다.

중고등학교 때까지 건축설계를 하겠다는 생각은 딱히 없었고, CA활동으로 독서와 바둑 등 주로 실내에서 정적인 활동을 많이 했었는데 이렇게 혼자 있는 시간과 생각하는 습관이 건축설계를 할 때 도움이 되었던 것 같습니다.

Question 부모님의 기대 직업도 건축 분야였나요?

어렸을 때 부모님은 제가 과학자나 의사를 기대하셨어요. 건축 분야가 힘든 일이어서 그런지 아버지의 일을 물려받는 것을 크게 좋아하진 않았던 것 같아요. 그래서 저도 부모님의 기대처럼 과학자의 꿈을 꾸었죠.

Question 학창 시절 진로에 도움이 될 만한 활동이 있었나요?

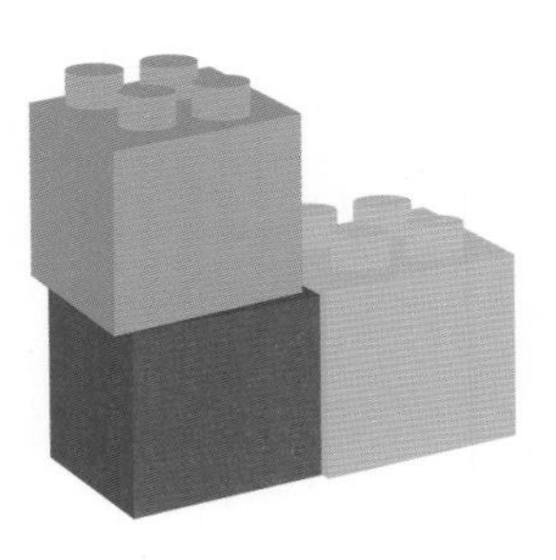

레고를 가지고 놀고 만화책을 보면서 혼자 생각해보고 이미지를 그려보는 일들을 많이 했었죠. 아버지가 설계하는 일을 옆에서 보니까 모형을 만들고 도면을 그리면서 공간을 만드는 일이 재미있게 느껴졌어요

Question 진로를 선택하는 과정에서 영향을 준 사람이 있나요?

저에게 인생의 멘토는 아버지입니다. 지금은 건축설계 일을 하고 계시진 않지만, 어렸을 때 아버지가 들고 있던 옐로우페이퍼와 스케일자 등이 멋있어 보였어요.

아버지는 조용하게 자기 일을 묵묵히 하시는 스타일이셨습니다. 감정을 크게 드러내시는 경우도 거의 없으셨어요. 주로 낚시, 바둑 등을 즐기면서 취미활동을 하셨고, 야간에도 책상 앞에서 건축설계를 고민하시던 모습이 가장 기억에 남습니다.

Question 왜 건축 분야를 선택하셨나요?

어린 시절부터 건축설계를 하신 아버지를 보면서 건축 분야에 흥미를 느끼고 있었죠. 제가 대학교를 들어갈 때 세계화에 발맞춰 건축학이 4년제에서 5년제 학제로 바뀌는 첫 번째 시기여서 흐름에 쫓기듯 지원했었던 것 같습니다.

Question 건축학과에서 배운 학문과 가장 흥미가 있었던 과목이 있었나요?

저 스스로 리더십과 거리가 멀다고 생각하면서 고등학생 때까지 학생회나 선도부 등 어떤 활동을 적극적으로 한 적이 없었답니다. 하지만 대학교 시절 컴퓨터그래픽동아리를 하면서 멤버들과 같이 동아리 활동을 하면서 함께 고민하고 문제를 풀어가는 과정이 현재에 많은 도움이 되고 있습니다.

Question 대학 생활을 하면서 성격이 바뀌었다고요?

내성적인 성격이었는데 건축학을 전공하면서 스튜디오(반)에서 설계과제를 하기 위해 팀원들과 밤을 지새우기도 했었죠. 마음이 맞는 선후배들과 같이 어울리면서 동아리 회장도 하는 등 대학 생활로 인해 많이 외향적으로 바뀌었어요.

Question 현재에 도움을 준 특별한 경험이 있으신지요?

저 스스로 리더십과 거리가 멀다고 생각하면서 고등학생 때까지 학생회나 선도부 등 어떤 활동을 적극적으로 한 적이 없었답니다. 하지만 대학교 시절 컴퓨터그래픽동아리를 하면서 멤버들과 같이 동아리 활동을 하면서 함께 고민하고 문제를 풀어가는 과정이 현재에 많은 도움이 되고 있습니다.

한양대학교 공학대학원 건설관리학과
2016학년도 전기 학위수여식

▶ 대학원 학위수여식

▶ 건축사 친구와 함께 자격증 축하파티

▶ 양평지역 건축모임(건설사, 건축사사무소, 토목설계사무소등)

Question

건축사가 되기 전에 다른 일도 해 보셨나요?

건축사가 되기 전에 다양한 직업을 했었죠. 대학생 때는 스타트업 창업을 해보기도 하고, 호기심이 많아 건축사사무소에 다니면서 건축 관련 자재회사에서 일도 해봤습니다. 건설회사에 다니기도 했고요.

Question

직업으로 건축가를 선택하시게 된 계기가 있나요?

건축은 일반 순수미술과는 달리, 실생활과 밀접한 관계를 맺고 있는 미술이라고 생각해요. 현실에 있는 법적 규제, 수익성, 독창성 등에서 다양한 고민을 하고 최적의 결론을 내는 것이 건축설계 일입니다. 이러한 과정을 거쳐서 나오는 결과물을 볼 때의 뿌듯함이 저를 이 분야로 이끈 것 같네요.

Question

건축사사무소를 설립하고 첫 업무는 무엇이었나요?

건축사사무소를 설립하고 첫 업무는 대학원 선배님의 공장부지에 공장을 신축하는 일이었어요. 비록 작은 규모였지만, 발주처의 요구사항을 듣고 건축설계를 진행하고 인허가 과정부터 시공이 완료되기까지 건축의 전 과정을 참여할 수 있었던 고마운 프로젝트였습니다.

Question 가장 기억에 남는 프로젝트가 있을까요?

용문 '더 라움' 프로젝트가 가장 기억에 남습니다. 제가 경험한 경력이 부족했기 때문에 건축주의 입장에서 토지구매, 설계, 시공, 준공, 등기 등 건축 전 과정을 직접 진행했었죠. 건축주의 고민과 고충을 이해하고 부족한 경력을 경험으로 극복하기 위해 진행하였던 프로젝트였습니다. 이 프로젝트를 통해 건축가로서, 건축주로서 많은 부분을 배울 수 있었습니다.

Question 용문 '더 라움'을 건축학적으로 설명 부탁드립니다.

경사가 있는 대지를 그대로 활용한 스킵플로어 주택으로 각각의 공간에 높이차를 두어 공간마다 프라이버시를 최대한 확보할 수 있도록 설계된 주택입니다. 특히 주택 한쪽 면에 비움의 공간(주차장)을 두어 추후 사용자가 여건에 따라 차고나 방, 때로는 수영장이 될 수도 있도록 중성공간을 계획해 설계한 것이 특징입니다. 건축가가 스케치하고 최종 사용자가 마무리 짓는 주택으로 설계했습니다.

Question 건축사가 되기 전의 커리어가 현 직업에 미친 영향이 있었나요?

스타트업 회사에서 겪었던 사람들과 관계를 맺는 일이 현재 발주처(건축주)와 소통하는 데 많은 도움이 되는 것 같아요. 실제로 건축을 의뢰하는 발주처(건축주)는 다양한 직업에 종사하고 계시는 경우가 많은데 스타트업을 하면서 여러 분야의 이야기를 듣고 소통함으로써 간접적인 경험을 쌓을 수 있었습니다. 이러한 경험들이 현재 발주처(건축주)와 커뮤니케이션을 더 효과적으로 할 수 있는 밑거름이 되었습니다.

Question 스타트업 창업 활동에 대해서 좀 더 구체적으로 알고 싶습니다.

대학 시절 건축 분야의 새로운 자재에 관심이 많았답니다. 학교 선배와 함께 합성목재라는 신제품을 개발하고 디자인하는 일을 하면서 특허도 출원해보고, 박람회도 방문하면서 2년 정도 세상에 대한 시야를 넓힐 수 있었죠. 비록 작은 규모의 회사였지만 회계, 경영, 마케팅 등을 배울 수 있었고, 추후 건축사사무소를 운영하는 데 많은 도움이 되었습니다.

Question 라움건축사사무소는 어떻게 만들어진 회사인가요?

라움건축사사무소는 젊은 건축가들이 모여서 만든 젊은 건축사사무소입니다. 지금 사무소로 쓰고 있는 '더 라움'을 건축할 때 건축 과정에서 파생되는 다양한 문제들을 보다 객관적으로 파악하고, 건축주의 입장에서 더욱 섬세한 디자인과 세밀한 공사관리가 제공될 수 있도록 경험을 쌓기 위해 직원들과 함께 직접 건축 시공에 관여했으며 나중에 사옥으로 리모델링하기도 했습니다. 이러한 경험을 토대로 토지구매 단계에서부터 건축주와 함께 건강한 집짓기를 실천하고, 축적된 건축 노하우를 통해 합리적인 건축설계가 가능하게 되었습니다.

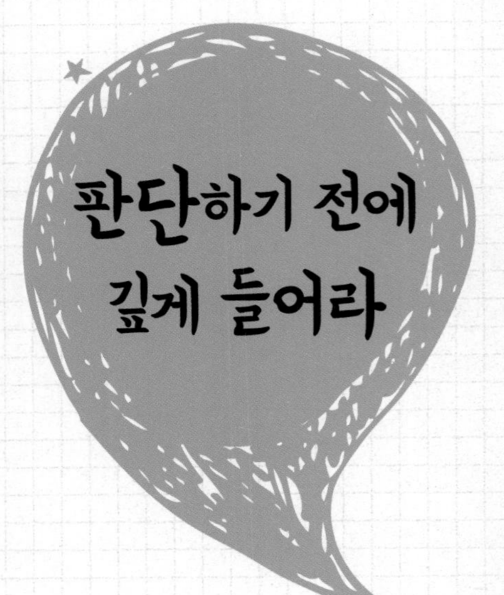

판단하기 전에 깊게 들어라

▶ 주택 신축후 건축주 입주파티

▶ 건축사사무소 생일파티

▶ 건축설계 미팅

Question

건축가가 되기 위해 어떤 준비를 해야 할까요?

건축가는 크리에이티브한 생각을 많이 할 수 있어야 해서 다양한 경험을 하는 것이 중요하다고 생각합니다. 항상 새로운 것을 보고 경험해서 건축 디자인으로 풀어내어 건축주를 만족시킬 수 있어야 하기 때문이죠. 다양한 경험을 해보는 것이 건축사가 되기 위한 첫 번째 준비라고 생각해요.

Question

건축 과정에서 가장 중점을 두는 요소는 무엇인가요?

발주처(건축주)의 이야기를 경청해서 발주처가 원하는 방향으로 최적의 설계안을 만드는 일이라고 생각합니다. 사실 건축 설계안을 만들 때 시공사, 건축사, 건축주, 주변 이웃 등 다양한 이해관계자들과 많은 조율이 필요하기 때문에 건축디자인은 정해놓은 답이 있을 수 없습니다. 이러한 조율 과정에서 건축주의 생각을 프로젝트에 잘 녹여서 최적의 설계안을 완성하는 것이 건축사가 해야 하는 일이죠.

Question

가장 존경하는 건축가에 대해 알려주십시오.

르 꼬르뷔지에(Le Corbusier)의 건축을 좋아합니다. 현대 건축의 개념을 정리한 건축가로 필로티, 옥상정원, 입면의 자유, 평면의 자유, 파노라마 유리창 등 현대 건축에서 다양한 평면과 입면을 디자인할 수 있는 기초 요소를 확립한 스위스 태생의 프랑스 건축가입니다.

Question 건축가가 되고 나서 새롭게 알게 된 점이 있을까요?

세상에 정말 다양한 직업이 있다는 것을 발주처(건축주)를 통해 알게 됩니다. 디자인하는 것도 좋지만, 요즘에는 그분들이 살아온 인생과 생각을 듣고 간접 경험을 하면서 많은 점을 느끼게 되죠. 앞으로의 회사가 운영될 방향이나 살아갈 인생에 좋은 지침이 됩니다.

Question 본인만의 건축 철학이 있으시다면 무엇인가요?

저 자신의 디자인 주장이나 철학보다는 발주처(건축주)의 생각을 듣고 이를 건축적으로 적절히 풀어가는 게 중요하다고 생각합니다. 저의 생각이 전부 다 옳다는 섣부른 판단을 하지 않기 위해 지금도 많이 듣고 많이 생각해보려고 노력하죠. 이러한 노력이 옳은 길이라는 걸 보여주고 싶어요.

Question 앞으로 건축가로서의 특별한 목표가 있나요?

건축가로서의 목표는 우리 사무소의 팀원들이 더 나은 환경에서 일할 수 있도록 사무실을 더 발전시키는 것이지요. 최근 IT분야의 관심이 많아 IT기술을 건축설계 분야에 접목하여 전통산업에 가까운 건축설계 산업을 발전시킬 방법을 찾고 있어요. 그래서 대학원과 스타트업 회사들과 협업하고 있답니다.

Question 현재 진행 중인 프로젝트에 관해 설명 부탁드립니다.

최근에는 단독주택을 많이 설계하고 있습니다. 자매가 함께 사는 홈 오피스 주택이 건축설계 후 시공사 선정이 완료되어, 곧 착공이 이루어질 예정이라 시공사 소장님과 현장 공사에 대한 의견을 많이 나누고 있으며, 시흥의 주택 같은 경우 부모님과 함께 사는 2세대의 단독주택을 총 6명의 가족구성원들과 함께 단계적으로 재미있게 주택을 설계하고 있습니다.

Question 건축학에 관심 있는 학생들에게 구체적인 조언이 있을까요?

건축설계 분야는 기술지식만이 아닌 예술적 감각, 그리고 건축주와의 소통 능력이 많이 요구되는 직업입니다. 건물이 지어지기 위해서는 건물이 편리하고, 안전한지를 판단할 수 있는 공학적 지식과 함께 주변 도시경관과 어울리면서 개성 있게 디자인할 수 있는 감각도 필요하죠. 분야별 전문가들과의 협업 등을 위한 소통 능력은 책으로만 공부한다고 되는 부분은 분명히 아닐 겁니다. 일단 다양한 일에 관심을 기울이고, 공간을 꾸미는 일에 흥미를 느끼는 게 중요하죠. 건축가는 도전해볼 만한 훌륭한 직업이라고 생각됩니다.

1 당진 힐스애비뉴
2 더 라움 (THE RAUM)
3 송현리 단독주택 잎싹파람나래
4 양평 양근리 카페 허밍(Humming)

5 양평 증동리 K 주택
6 예산 카페 제2막

어린 시절 부모님께서 집 짓는 과정을 지켜보면서 건축과 조경에 대한 눈을 뜨게 되었다. 이과적인 기질이 강한 모습을 보고 부모님께서 건축 분야의 진로를 추천해 주었다. 건축도시조경학부에 입학하여 공부하면서 조경보다는 건축설계에 적성을 느끼게 되면서 건축사의 길로 접어들게 된다. 2003년 서울시립대학교 건축도시조경학부 건축공학과*를 졸업하고, 2003~2017년까지 (주)해안종합건축사사무소에서 15년 동안 건축설계 업무를 하였다. 2017년 뜻이 있어 갓고다건축사사무소를 설립하여 현재 지속해서 건축설계 업무를 진행 중이다. 또한, 3년째 송파구의 마을건축가로 활동하면서 초등학교 방과 후 교실인 '키움센터'를 설계하기도 했다.

*2000년 중반부터 건축공학과는 건축학과(5년제)와 건축공학과(4년제)로 분리되어 현재까지 지속하고 있습니다. 대학교 진학 때부터 학과가 분리되어 있어 적성에 맞는 과를 지원해야 하는 상황입니다. 그 이전에는 건축공학과에서 건축사사무소(건축설계)와 건축시공(건설사) 인력을 모두 키워냈었습니다. 2~4년제의 전문대학의 경우 학교의 커리큘럼에 따라서 건축학과 건축공학 중에 학교별로 집중하는 분야가 있어 그것에 맞는 학생들을 배출하고 있습니다.

갓고다 건축사사무소 대표
권이철 건축사

현) 갓고다 건축사사무소 소장/대표 건축사
현) 경기대 건축공학과 겸임교수
현) 서울시 공공건축가, 마을건축가

- 서울시립대 도시과학대학원 건축공학과 석사
- 서울시립대 건축공학과 학사
- 건축사
- ㈜해안종합건축사무소

저서) '경성의 아ㅅ바트' 등

건축사, 건축공학기술자의 스케줄

권이철 건축사의 **하루**

24:00 ~
▸ 취침
07:00 ~ 09:00
▸ 기상 후 아침 식사
(집과 사무실이 하나의 건물에 있어 출퇴근 시간이 없습니다.)
09:00 ~ 12:00
▸ 업무 리스트 정리 후 팀원들과 회의 및 업무 시작
12:00 ~ 13:00
▸ 점심식사
13:00 ~ 18:00
▸ 오후 업무
18:00 ~ 20:00
▸ 가족과의 시간
22:00 ~ 24:00
▸ 연구 및 집필시간

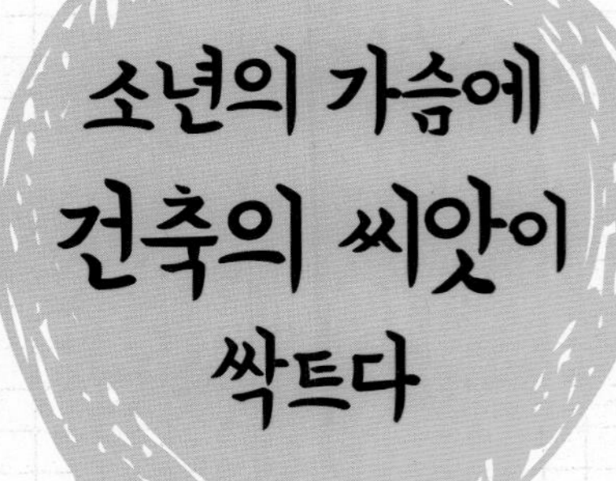

소년의 가슴에 건축의 씨앗이 싹트다

▶ 어릴 때 공원에서

▶ 졸업전시회

▶ 잠실 주공 건축 스케치

Question 어릴 때부터 건축에 관심이 많으셨다고요?

어릴 때부터 건축설계 또는 조경 관련 일을 하고 싶었습니다. 특히 중학교 때 택지개발지구의 단독주택으로 이사 갔는데, 그 집은 부모님께서 직접 토지를 구매해서 집을 지으셨습니다. 집을 짓는 과정을 보게 된 것이 건축에 흥미를 느끼게 된 계기였죠. 또한 그 집 마당에 나무들이 많아 그때부터 조경에도 관심을 품게 됐고요.

마당에서 목재를 사용하여 평상을 만들고, 주변 공사장에서 버려진 자재를 활용하여 장난감 같은 것을 만들곤 했습니다. 평상이나 장난감을 만들기 전에 간략한 설계도 같은 것을 그렸던 기억도 있습니다.

Question 부모님께서도 건축 진로에 대해서 동의하셨나요?

부모님께서는 제가 수학, 과학을 좋아하고 무엇인가는 만드는 것을 좋아하는 것을 보시고 건축과에 가길 추천하셨죠. 당시에는 중고등학생을 상대로 한 건축교육 등이 전무했기 때문에, 학창 시절 별도로 진로에 도움이 되는 특별 활동을 하진 않았습니다. 하지만 당시 살았던 동네가 택지개발지구로 중고등학교 시절 동안 주변에서 지속해서 주택 건설공사가 진행되었습니다. 그러한 광경을 집요하게 관찰하면서 자연스럽게 건축에 가까워졌던 것 같아요.

Question 진로 결정에 가장 큰 영향을 미친 요소가 무엇이었나요?

내가 무엇에 관심이 있느냐, 내가 무엇을 할 때 가장 집중하느냐였습니다. 길을 가다 공사 현장이나 지어진 집들을 보면 가던 길을 멈추고 지켜보곤 했고, 집이 지어지는 과정을 보는 것에 설 습니다. 또 집과 동네에서 볼 수 있는 작은 공원이나 공간들의 식물들이나, 산책길에 만나는 나무와 꽃들도 재미있었습니다. 이런 나를 보면서, 막연히 건축이나 조경을 하면 좋겠다고 생각했습니다.

Question 건축도시조경학부에 진학하게 된 계기가 있나요?

중고등학교 때는 수학, 과학 과목을 좋아했어요. 성장 배경 속에서 건축과 조경에 관심을 지니게 되었고, 두 가지를 같이 공부할 수 있는 서울시립대학교 건축도시조경학부에 진학했답니다.

Question 건축설계를 선택하신 특별한 이유가 있나요?

대학교에 진학해서 막상 공부해보니 조경보다는 건축설계가 저에게 더 맞더라고요. 그래서 3학년 때부터는 건축설계에 집중해서 공부했어요. 건축과에서 건축설계를 좋아하고 많은 시간을 건축설계 공부에 할애했답니다. 수업 시간에 주어진 아무것도 없는 빈 대지에 새로운 건축물을 설계하여 만들어낸다는 것이 매우 흥미로운 일이었죠. 대학교 3학년 때 학교에서 해외여행 지원을 받아서 유럽 여행을 1개월간 갔었는데, 그때 건축에 대한 이해를 높이고, 건축설계를 계속할 수 있는데 원동력이 되었습니다.

Question 건축사가 되기까지 어떤 과정을 거치셨나요?

대학교를 졸업하고 바로 건축사사무소에서 건축설계 업무를 하였기 때문에 건축사가 최초의 직업이자 현재의 직업입니다. 졸업 후에 바로 건축사사무소에 취직할 수 있었던 것은 대학 기간에 건축설계에 관심을 지니고 집중해서 공부했기 때문이라고 봅니다. 대학교에서 별도의 학교 모임을 통해서 건축설계를 추가로 공부하기도 했고요. 당시 건축공학과 졸업생들의 취직 비율을 보면 건축사사무소와 건축시공사가 반반이었습니다. 많은 학생이 4년 동안 본인의 미래를 대비하면서 그것에 맞는 커리큘럼을 따라서 공부했었죠.

Question 건축과 관련된 동아리 활동이나 스터디 활동에 대해서 설명 부탁드립니다.

대학교 때는 과내 건축연구 동아리인 '에스키스 작업실'에 회원이었습니다. 이 작업실은 학기 동안에는 같이 설계를 하며 토론하고 협업하는 등의 활동을 하였고, 방학 중에는 1개월 동안 합숙을 하며 책을 읽고 토론하거나 유명한 건축물을 답사 또는 모형을 만들며 건축설계를 공부하였습니다.

사람에 맞추어 공간을 디자인하라

▸ 구로 금천 현장답사(2010)

▸ 현장 답사(2014)

▸ 현장 답사(2015)

▸ 영원한 파트너, 아내와 함께

Question 사무소에 취직한 후, 첫 건축물은 어떤 것이었나요?

졸업하고 사무소에 취직하여 수행한 첫 건축물은 용인의 어느 단독주택이었습니다. 건축설계를 하고 그 도면에 맞게 실제 건축물로 만들어지는 것을 보는 것은 매우 뿌듯한 일이었습니다.

첫 프로젝트는 당연히 어려움이 많아 회사 윗분들의 도움을 받아 진행하였습니다. 건축설계는 졸업하고 5년 이상은 일해야 어느 정도 스스로 일할 수 있는 기틀을 마련할 수 있습니다.

Question 작업하셨던 건축물 중에서 가장 기억에 남는 게 있을까요?

아마도 가장 기억에 남는 것은 사무실을 개업하고 처음으로 준공한 건축물입니다. 경기도 시흥은계 택지개발지구에 준공한 상가주택(1층 근린생활시설, 2~4층 다가구주택)입니다.

▸ 시흥상가주택

시흥상가주택 프로젝트에 대해 좀 더 구체적으로 설명해 주시겠어요?

시흥상가주택은 시흥은계택지개발지구에 들어선 건축물입니다. 지상 4층으로 대지면적은 312㎡, 연면적은 615㎡입니다. 1층은 근린생활시설(상가)이고, 2~4층은 층당 2가구씩 총 6가구가 있습니다. 택지개발지구의 건축물은 거의 동시에 주변의 건축물들이 만들어지기 때문에 주변의 건축물들과 다른 독특함이 필요했습니다. 또한, 양쪽의 건축물들은 바짝 붙어 있어 측면보다는 정면에서의 모습이 도로에서 아주 잘 보였죠. 그래서 저층부 상가는 현무암으로 마감하여 무게감을 주고, 상가의 전면은 모두 유리로 하여 개방성을 높였습니다. 상부 2~4층은 자연 점토의 발색을 가진 2가지 점토 벽돌을 사용하여 개성을 갖도록 하였고요.

Question

현재 하시는 일에 대한 설명 부탁드립니다.

현재 저는 갓고다건축사사무소의 대표이자 대한민국 건축사입니다. 건축사사무소는 건축사자격을 가지고 있어야 사무소를 개설할 수 있습니다. 현재 사무소에서는 단독주택, 근린생활시설 등 우리 동네에서 많이 볼 수 있는 건축물의 신축공사 혹은 리모델링을 위한 설계를 하고 있습니다.

건축사사무소의 주요 업무는 '설계'로 대부분 사무실에서 건축설계도면을 그리는 일에 집중되어 있습니다. 그러나 '집짓기'에서 건축사의 역할은 설계 외 인허가라는 행정적 절차를 처리하는 일, 건축주와 시공자, 각종 전문가들 사이에서 리더가 되어 건축이 준공될 수 있도록 하는 일, 집이 내가 그린 도면대로 건축물이 만들어지는지 감독(건축감리)하는 일까지 매우 광범위하고 건축공사에서 건축사의 역할이 대단히 많고 가장 주도적인 역할을 수행하게 됩니다.

이렇게 건축사의 일은, 땅을 가진 땅주인이 집을 짓기 위해 첫발을 내딛어 만나는 첫 번째 전문가이며, 설계과정에서 끊임없이 만나 대화하고 의지하는 두 번째 전문가이며,

설계한 도면을 허가 받을 수 있게 대행해 주는 세 번째 전문가이며, 설계 완료 후 시공자를 선정할 때 옆에서 조언해 주는 네 번째 전문가이며, 공사 과정에서 시공현장과 조율하고 협의하고 문제를 해결해 주는 다섯 번째 전문가이며, 준공단계에서 준공도서를 만들어주고, 감리해주는 여섯 번째 전문가가 되는 것, 그게 건축사의 일이며 현재 하고 있는 일입니다.

Question 현재 대학교 건축공학과에서 지도하시는 과목이 어떻게 되시나요?

현재 경기대학교 건축공학과에서 2학년을 대상으로 'CAD 및 제도'와 '건축BIM'을 가르치고 있습니다. 현재 건축도면은 모두 컴퓨터 프로그램을 활용하여 만들어지고 있는데, 과거에는 모두 2D도면을 작성하였다면 앞으로 미래에는 3D도면을 작성하여 건축 시공하기 전에 가상공간을 체험할 수 있게 하는 것이 최근의 추세죠. '건축BIM'에서 BIM은 Building Information Modeling의 약자로 3D도면 작성법에 관련된 수업입니다.

Question 건축설계에서 가장 중요한 요소가 무엇일까요?

건축설계는 사람을 위한 공간을 디자인하는 직업입니다. 먼저 사람에 대한 이해가 가장 중요합니다. 여기서 사람은 단독주택인 경우는 그곳에 거주한 한 가정의 구성원이 되겠지만, 근린생활시설의 경우만 해도 불특정 다수인 동시대인들이 되고, 나아가서는 앞으로 몇십 년 몇백 년 뒤 이 공간을 사용한 미래의 사람들까지 포함합니다.

따라서, 사람에 대한 이해에는 현재의 사회와 문화에 대한 이해와 통찰력이 포함되며, 앞으로의 시대에 대한 판단력도 필요합니다. 그 때문에 건축과에서는 건축적 지식 외에 인문학적 지식도 강조하고 예술문화적 지식도 가르치고 있습니다.

따라서 건축가는 좋은 집을 만들기 위해서 끊임없이 현재와 미래에 대해 공부해야 하며, 다채로운 장소와 공간에 가보고 요즘은 sns로 지금을 탐색하고 연구할 필요가 있습니다. 그러면서도 가장 최우선은 클라이언트의 집을 만드는 것이기 때문에 클라이언트와의 교감과 그 분에 대한 탐구가 필요합니다.

이렇게 써 놓고 보니 굉장히 거창하고 대단한 일 같은데, 결국 사람에 대한 고민이 건축설계에서 가장 중요한 것이고, 그것을 미와 기술(ARC와 TECH)로 풀어내는 일이 우리의 일입니다.

Question 건축사님의 건축철학과 가장 어울리는 해외 건축물의 사례가 있을까요?

사람들이 모이는 장소인 전통시장을 새롭게 탄생시킨 장소가 있습니다. 세계적인 건축설계 회사인 MVRDV가 설계한 네덜란드 로테르담에 위치한 '마켓홀(market hall)-알베르트 카이프 시장'입니다. 2014년 준공하였고 일상과 역사가 어우러진 곳을 주상복합 전통시장으로 탈바꿈한 곳으로 예술과 휴식공간이 더해져 도시에서 사람을 위한 공간이 되었습니다.

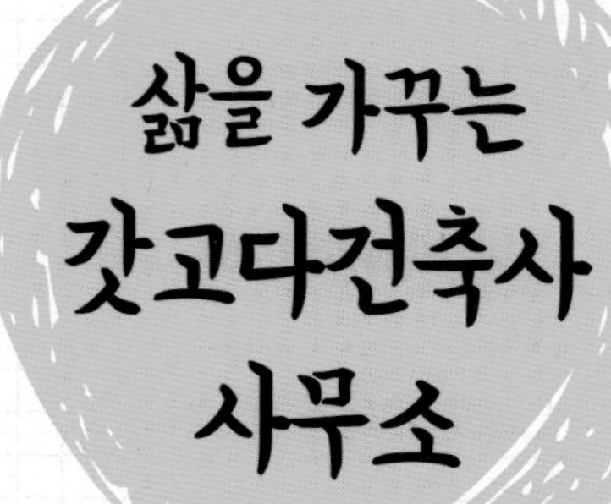

▶ 스페인 여행(2019)

▶ 인테리어 현장(2020)

▶ 저서 「경성의 아파트」

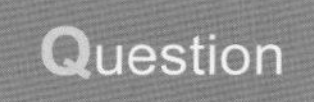

마을건축가란 무엇인가요?

서울시의 마을건축가 제도는 2019년에 처음 시행되었죠. 2011년부터 시행되고 있던 서울시 공공건축가는 공공건축을 향상 발전시키는 것이 주요임무였다면, 마을건축가는 지역의 특성을 조사하여 장소 중심의 개선사업을 발굴하는 제도입니다. 마을건축가가 구체적인 주민의 의견이 반영된 마을의 현안을 발굴하고 개선 검토하여 자치구의 사업 계획에 반영시키는 것이 주요 역할입니다*

*서울특별시 도시공간개선단 서울시 공공건축가, 마을건축가의 역할 소개 참고

Question

언제부터 마을건축가로 활동하셨나요?

2019년 이후로 3년째 송파구의 마을건축가로 활동하고 있습니다. 주요 업무는 주민의 의견을 청취하고 협의한 마을의 현안을 발굴하죠. 개선 검토 결과를 정리한 '마을지도' 작업과 송파구내 초등학교 방과 후 교실인 '키움센터'를 설계했습니다.

마을 건축가의 가장 중요한 활동은 주민의 의견을 청취하는 것입니다. 주민들의 의견을 듣고 제도상으로 가능한 현안을 발굴하여 실현될 수 있도록 제안하는 과정이었습니다. 이러한 과정이 지속해서 진행된다면 주민의 의견을 반영한 도시건축 공간을 효율적으로 잘 만들어 나갈 수 있다고 생각합니다.

Question

어떤 학생들이 건축공학을 전공하면 좋을까요?

건건축설계를 하기 위해서는 건축과 도시에 관심이 있고, 또한 사람에 대한 관심이 많아야 합니다. 건축과 도시를 만들어나가는 것은 사람들의 생각과 의지에 따라서 만들어지는 것이기 때문이죠. 혹시 주변에 어떤 건축물을 보고 "왜 이렇게 생겼을까? 조금 바꾸면 더 편할 텐데!" 등의 생각을 해보았다면 일단 건축가의 자질은 있다고 생각합니다.

여기에 더해 평소에 내 방을 꾸미고 가꾸는 것에 관심이 있거나, 종종 배치를 바꿔본다거나 모형을 만들거나 그림그리기를 좋아하거나, 요즘 대단히 많은 집관련 컨텐츠를 볼 때 흥미를 느낀다면 건축을 잘할 수 있는 학생이라 생각합니다.

또 우스갯소리로 건축인들은 운전을 못하는 사람이 없다고 하는데, 그건 건축가들한테는 공간감, 공간인지능력이 필요한데, (아직 청소년이니 운전은 못하니까) 어떤 사물을 봤을 때 한쪽에서 보도 사방에서 본 그림을 추측해 그릴 수 있다면 또 공간인지능력이 출중하여 건축적 자질이 충분하다고 생각합니다. (테스트해보고 싶다면, 미술시간에 그리는 삼각뿔 같은 석고상을 놓고 위에서 본 그림, 옆에서 본 그림, 밑에서 본 그림 등을 추측해 그려보면 됩니다~)

Question 건축 전문가의 시각에서 국내에서 매우 잘 지어진 건축물이 무엇일까요?

1970년의 삼일(31)빌딩입니다. 이 건축물은 김중업 건축가의 작품으로 당시 대한민국의 경제성장과 기술발전을 상징하는 건축물입니다. 또한 2020년에 최욱(원오원아키텍스)와 (주)정림건축에 의해서 리모델링되어 다시 태어나 그 수명을 연장하였습니다.

Question 가장 존경하시는 건축가가 있을까요?

아이아크 건축사사무소의 유걸 건축가입니다. 유걸 건축가의 대표작품으로는 서울시청사, 밀알학교, 강변교회, 배재대학교 등이 있습니다. 파격적인 건축언어를 사용하면서도 모든 사람이 사용하는 공공장소로 쓰이는 건축물을 잘 설계하시는 분입니다.

Question 앞으로의 계획은 무엇인가요?

갓고다건축사사무소의 '갓고다'는 우리 옛말로 '가꾸다'입니다. 말처럼 건축가가 가진 능력을 활용하여 사람이 사는 공간인 도시, 건축 등 모든 것을 살기 좋게 가꾸어 좋은 공간을 만들어내고 싶습니다.

Question 현재 수행중이거나 향후 계획된 프로젝트에 대해 설명해주십시오.

갓고다는 사람을 위한 공간을 가꾸는 작업으로 공공미술, 건축설계, 인테리어 등을 합니다. 공공미술로는 창동역에 위치한 '플랫폼창동61'에 설치한 '사운즈포레스트' 작품이 있습니다. 창동지역에 있던 마들평야의 풍요를 재현한 체험이 가능한 공간이 있는 작품입니다. 건축설계는 충남부여에 단독주택, 파주문산에 카페 프로젝트를 진행하고 있습니다. 인테리어는 송파 키움센터, 일산 카페인테리어를 하였습니다. 갓고다는 공간을 가꾸어 나간다는 모토로 사람을 위한 공간을 가꾸어 살기 좋은 공간을 만들어나가고자 합니다.

Question 진로에 대해 힘겨워하는 학생들에게 조언을 부탁드립니다.

본인이 무엇을 잘하는지 알기 위해서는 많은 경험이 필요하죠. 최근에는 학교 자체적으로도 직업교육이 잘 되어있고, 외부에서도 건축학교 교육이 다양하게 있습니다. 직접 체험하고 교육을 받아 보면 미래를 그려나가는 데 도움이 될 겁니다.

1 송파 키움센터 인테리어(2020)
2 창동 사운즈포레스트 공공미술(2018)
3 4 구의동 다가구주택 리모델링(2020)
5 청담동 셀린느(2016년)

대학에서 건축공학을 전공하고 건축사사무소에서 근무하며 건축설계를 익혔다. 이후 건설 IT 벤처기업에 근무하며 정부 R&D에 참여하여 한국형 BIM 소프트웨어개발 기획을 담당하였다. 건축사자격 취득 후 한국전력공사에 입사하여 전력설비, 사옥 건설의 설계와 시공 감독을 거쳐 현재는 한국전력공사의 선임건축사로 감리업무를 담당하고 있다. 건축 실무 기반 CAD 노하우로 문체부 우수잡지인 월간 CAD&Graphics의 전문필진으로 참여하였으며, 'AutoCAD 실무 무작정 따라하기' 책을 집필했다. 건축, IT, CAD에 관한 다양한 내용을 다루는 블로그(blog.yangkoon.com)를 운영하고 있다. 건축 분야 기술평가 및 심사 전문성을 가지고 정부 및 공공기관, 지자체의 다양한 위원회 활동에 참여하고 있다.

한국전력공사 선임건축사

양승규 건축공학기술자

현) 한국전력공사 차장, 선임건축사

- 한양대 도시부동산개발전공 공학석사
- 강원대 건축공학과 학사
- 충청북도/대전광역시 건설기술심의위원
- 경기주택도시공사/한국자산관리공사 기술자문위원
- 행정안전부 정부청사관리본부/
  경기도교육청 설계공모 심사위원
- 범부처통합연구지원시스템(IRIS) 평가위원 후보단
- 2019 디지털건축대전 최우수상 수상
- BIM운용전문가, 데이터분석 준전문가
- Revit/AutoCAD/SketchUp Certified Professional

건축사, 건축공학기술자의 스케줄

22:00 ~
▸ 취침

04:00 ~ 07:00
▸ 기상
▸ 일기 쓰기
▸ 블로그 관리
▸ 독서, 공부

07:00 ~ 08:00
▸ 출근 준비(세면, 식사, 아이 등원 준비)

08:30
▸ 출근

[내근의 경우]
08:30 ~ 18:00
▸ 사무실 근무 (건축 공사 감리인증 업무)

[출장의 경우]
08:30 ~ 18:00
▸ 감리 현장 출장

18:00 ~ 20:00
▸ 저녁 식사 후 잔업
▸ 퇴근

20:00 ~ 22:00
▸ 가족과 함께 하는 시간 (아내와 대화, 아이들과 놀기, 아이들 씻기기)

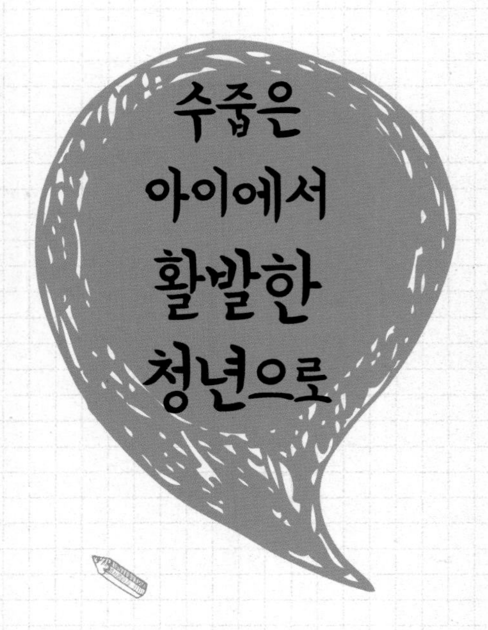

▶ 초등학생 시절(1987)

▶ 보이스카웃(1990)

▶ 학교 연구실(2002)

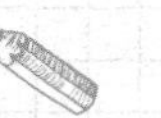

Question 어린 시절에 어떠한 성향이셨나요?

산천어와 수달로 유명한 청정지역인 강원도 화천에서 유년 시절을 보냈어요. 국민학교(지금의 초등학교) 때는 수줍음이 많고 내성적이었죠. 수업 시간에 앞에 나가서 발표하는 것도 잘못하곤 했어요. 뭔가를 만드는 것은 좋아했습니다. 특히 과학 상자(당시 유명했던 블록 조립 교구재) 조립을 좋아해서 여러 차례 대회에서 수상도 했었죠. 초등학교 고학년이 되면서 보이스카우트 활동을 하게 됐는데 그때 내성적인 성격이 조금씩 변했던 거 같아요. 공부는 썩 잘하지 못했으나 말썽은 안 부리고 바른 생활을 했던 것으로 기억합니다.

Question 중학교를 유학하셨다고요?

중학교를 큰 도시로 유학 갔습니다. 친했던 친구들과 떨어져서 새로운 환경에 적응하는 게 쉽지 않았죠. 성격은 여전히 소극적이었는데, 중3 즈음 청소년수련원에서 2박 3일 프로그램에 참여했었어요. 그때 부모님을 공경하고 바르게 살아야 한다는 생각을 가지게 되었죠. 프로그램을 마치고 집으로 와서 그 이후로 아빠를 아버지라고 엄마를 어머니라고 부르게 되었습니다. 아마도 그때 프로그램을 통해 정신 무장을 하게 되었던 것 같아요. 좀 더 적극적인 모습으로 변해야겠다는 마음을 먹었고요.

Question 성격이나 태도가 변한 계기가 있었나요?

고등학교 시절에 동네 교회에 다니면서 또래들과 활발하게 교류했어요. 그러면서 말도 많아지고 활달해지게 되었죠. 고등학교 3년 내내 체육부장을 맡아서 하기도 했고요. 소풍 가면 학생대표로 레크리에이션을 진행하기도 하고 행사의 사회를 보기도 했었죠. 공부는 잘하는 편은 아니었는데 겨울방학 때 서울에 있던 기숙학원에 2달 정도 공부를 집중해서 해봤습니다. 그때 공부 방법을 어느 정도 터득했던 것 같아요.

Question 학창 시절부터 건축공학기술자의 꿈을 키웠었나요?

아니요. 고등학교 시절에 저의 목표는 파일럿이 되기 위한 공군사관학교 진학이었는데 아쉽게도 떨어졌죠. 저와 잘 어울릴 것 같다는 아버지의 권유로 건축공학과를 선택했습니다. 아무것도 모른 채 건축공학과에 입학했지만, 예술과 공학이 접목된 건축공학이 미술과 물리 과목을 좋아하던 제 적성과 잘 맞았던 것 같아요. 또한, 컴퓨터를 좋아했었는데 건축공학과에 입학하여 컴퓨터를 이용한 디자인 도구인 CAD(Computer Aided Design)를 알게 되고 친숙해졌던 계기로 건축을 열심히 하게 된 것 같네요.

Question 건축공학과 수업은 재미있었나요?

저는 1998년도에 건축공학과에 입학하여 현재의 건축학, 건축공학으로 분리되기 이전의 커리큘럼으로 공부했었죠. 학사학위는 건축공학사이지만, 건축설계 수업도 수강하며 졸업 설계 작품도 하였고 시공, 구조, 설비, CM 과목도 수강했어요. 개인적으로 1학년 때부터 CAD를 좋아하여 졸업할 때까지 학교에 개설된 CAD 관련 수업은 모조리 찾아서 수강했답니다. 미술대학에 개설된 사진학 과정을 두 학기나 들을 정도로 타 학과에 개설된 수업도 많이 들었습니다.

Question 건축공학과를 지원한 동기가 무엇인가요?

남들과 다르게 자를 이용해서 선을 긋는 것을 좋아하고 칼을 사용한 종이 공작을 좋아하긴 했어요. 대학입학 참고자료에서 수학, 물리에 우수한 자질과 미술적 소질이 있는 사람에게 적합한 학문이라는 안내를 보고 건축학과에 입학을 결심하고 건축공학을 전공하게 되었습니다. 물리 과목에 자신이 있었으며, 종이 공작에 취미가 있던 것이 영향을 준 것 같네요. 입학 후 건축을 배우면서, 또 지금까지도 느끼고 있는 것이지만 건축은 꽤 매력적인 학문이에요.

▶ 학부시절 설계과제 모형제작(2003)

Question

대학 생활은 어떠셨나요?

대학 시절 친구들이 저에게 붙여준 별명이 '행동쟁이'였죠. 하고자 하는 일을 바로 행동으로 옮기는 모습 때문에 붙여진 별명이었죠. 원래는 소극적인 성격이었으나 대학교 때 과대표, 학생회 임원, 동아리 임원을 하게 되면서 성향이 바뀌었답니다. 당시 한 교수님께서 대학교에 입학한 이상 합법적인 범위 안에서 해볼 수 있는 모든 경험을 해보라는 이야기를 해주셨어요. 이상하게 그 이야기가 가슴에 팍 꽂혔나 봐요. 그 이후 다양한 아르바이트부터 시작해서 공모전 참가, 건축 잡지 학생기자 활동 등 교내외 각종 활동에 참여하게 되었죠.

Question

직업으로 건축공학기술자를 선택하시게 된 계기가 있나요?

건축공학과에 입학하여 수업을 듣고 과제를 하면서 건축이라는 학문이 저에게 잘 맞다고 생각했던 것 같아요. 재학 시절 방학 기간에 건축사사무소에서 인턴을 했던 경험이 진로 결정에 많은 도움이 되었다고 할 수 있죠. 학과에 출강하시던 교수님이 운영하시는 소규모 사무소에서의 경험과 대학 4학년 시절 서울의 대형 건축사사무소에서 인턴을 했던 경험이 건축사사무소의 취직을 결심하는 데 큰 영향을 주었답니다. 인턴 생활을 하면서 건축사사무소의 실무가 내가 배운 것들과 크게 다르지 않다는 사실도 알게 되었고요. 대학 졸업 전에 취직에 성공하여 조그만 건축사사무소에서 건축공학기술자로의 직장생활을 시작했습니다.

작은 칼럼들이 모여 세상으로 나오다

▸ 건축사사무소 근무시절(2006)

▸ 한국우주인선발대회 참가(2006)

▸ 국내대표로 참석한 미국 CAD 컨퍼런스(2011)

Question CAD 관련 서적도 출간하셨다고요?

2009년에 한 CAD 콘퍼런스의 일일 리포터로 활동한 적이 있었죠. 당시 리포팅 활동을 통한 CAD 블로그 담당자와의 연결로 공식 CAD 블로그에 CAD 관련 칼럼을 기고하게 되었지요. CAD와 건축설계에 관한 소소한 이야기들과 CAD관련 Tip과 문제해결에 관한 글을 썼습니다. 제가 가진 정보를 정리해 보고, 글을 쓰기 위해서 더 많은 정보를 찾아보는 과정을 거쳤죠. 한번은 제 블로그를 보고 한 출판사 관계자가 연락했습니다. 실무의 내용을 담은 CAD 관련 책을 출간하고 싶다고 하더라고요. 그렇게 해서 2016년에 책이 출간되었죠.

Question 기억에 남는 에피소드가 있나요?

2011년 국내 CAD 커뮤니티의 대표 파워유저로 선정되어 미국에서 진행된 국제 컨퍼런스에 참여했던 것이 기억에 남습니다. 전 세계에서 모인 CAD 사용자들과 제품에 대한 이야기 나누고, 수업을 듣고 많은 것들을 얻을 수 있었던 기회였죠. 컨퍼런스에 참여한 뒤 미국에 좀더 머물면서 여행도 하면서 새로운 기회를 찾아보려고 했었죠. 무비자로 체류가 가능한 3개월을 일단 목표로 잡고 미국에 가게 되었는데, 미국에 도착하여 첫 일정인 컨퍼런스에 참여하던 중 한국에서 온 메일을 받게 되었습니다. 건축 소프트웨어 개발사의 대표님이 평소 제가 CAD잡지에 기고했던 원고의 연락처를 보고 연락을 주신 것인데, 같이 일해보면 어떻겠냐는 내용이었죠. 덕분에 이후의 미국 일정을 편안하게 여행하며 재충전의 시간을 갖고 한국에 돌아와 새로운 직장에서 건축 IT관련 일을 시작하게 되었습니다.

Question

건축사자격증을 취득하신 특별한 계기가 있나요?

건축사사무소 5년 차에 건축사 자격을 취득해야겠다는 막연한 생각에 준비를 시작하긴 했었습니다. 그러다 다니던 회사를 그만두고 미국 여행을 갔던 시절에, 당시 CAD 분야에서 유명한 교수님을 컨퍼런스로 찾아가서 만났습니다. 미리 준비해온 디지털 포트폴리오를 건네면서 짧게 고민을 여쭤봤었죠. 당시 친환경국제자격증(LEED AP)이 유망자격증으로 뜨고 있던 시기였답니다. 그래서 저도 여러 달 학원에 다니면서 준비하고 있었어요. 한국으로 돌아가서 건축사 자격증과 친환경 인증 관련 국제자격증 중 어떤 것에 더 집중할까 물어봤고요. 교수님께서 건축을 기반으로 다양한 업무를 하려면 건축사 자격증을 먼저 취득하라고 조언해 주셨죠. 덕분에 국내로 들어와 다시 일자리를 잡고 일하면서 건축사 자격을 준비해서 3년 만에 합격했습니다.

Question

건축사무소에서 나온 이후에 어떤 분야로 진출하시게 되었나요?

건축사자격시험 응시에 필요한 최소 경력을 확보한 이후에는 건설IT 분야로 이직하여 건축설계용 소프트웨어개발 R&D 프로젝트의 기획업무를 3년간 담당했습니다. 건축설계 업무에서는 접할 수 없었던 다양한 분야의 사람들과 만나 새로운 업무를 해본 게 좋은 자극이 되었죠. 참여 중이던 R&D 프로젝트의 기간 종료 전에 건축사 자격증을 취득했고, R&D 프로젝트를 성공적으로 완료한 이후 새로운 직장을 구하기 위해 퇴직을 하게 되었답니다. 퇴직 후 한국전력공사 건축직 대졸 신입사원 공채에 합격하여 2014년도에 한국전력공사에 입사하게 되었고요.

Question 건축사시험에 응시하려면 어떤 자격이 되어야 하나요?

제가 자격을 취득하던 때에는 5년의 관련 경력을 쌓고 건축사 예비시험에 합격 후 자격시험을 합격해야 했었죠. 지금은 건축사 자격시험에 응시하기 위해서는 대학에서 건축학을 전공하고 건축사사무소에서 최소 3년의 실무수련을 쌓아야 시험에 응시할 수 있는 자격이 생깁니다. 이후 대지계획, 평면계획, 단면계획 등의 3과목 시험에 모두 합격하면 관련 경력 증빙을 제출하여 검증받고 난 후에 최종적으로 건축사 자격증을 받게 됩니다.

Question 건축 과정에서 가장 중점을 두는 요소는 무엇인가요?

건축의 3요소는 구조, 기능, 미(美)입니다. 3가지 모두가 골고루 잘 반영된 것이 가장 좋은 건축이라고 할 수 있죠. 굳이 하나를 뽑으라고 한다면, 건축공학기술자에게 가장 중요한 요소는 안전과 연관된 '구조'입니다. 구조는 건축물이 외부에서 작용하는 에너지로부터 건축물이 바르게 서 있을 수 있도록 해주는 역할을 합니다. 중력에 대응하고 지진으로 인한 진동과 바람에 의한 흔들림을 잡아주어 건물의 사용자를 보호합니다. 덴마크의 철학자 키에르케고르는 "건축은 비극이 허용되지 않는 유일한 예술"이라고 했습니다. 외적으로 아름답고 사용자의 만족도를 높이는 기능을 제공해 준다고 하더라도 안전을 확보하지 못한다면 건축이 아닌 단지 아름다운 조각품이나 부조가 될 뿐이죠.

한국전력공사에서 건축공학기술자의 구체적인 역할을 알고 싶어요.

한국전력공사의 대외적 이미지는 전력망을 구축하여 전기를 판매하는 회사지만, 한국전력공사 내에서 건축공학기술자의 역할은 매우 중요하답니다. 발전소의 발전기기, 변전소의 변전 기기들을 담고 있는 건축물은 발전소와 변전소가 제 역할을 하는 데 있어 중요한 기능을 담당합니다. 그 건축물을 구축하고 운영하는 데 필요한 설계, 시공 감독, 감리, 유지보수의 역할을 건축공학기술자가 하는 것이죠. 변전소 외에도 한국전력공사에서 전력공급을 위해 필요로 하는 건물들은 전류를 전환하는 변환소, 전기를 저장하는 ESS, 발전소에서 생산한 전기를 송전망에 연결하는 스위치야드 제어동, 도서 지역에서 전기를 생산하는 소규모 디젤 발전소 등이 있습니다. 전국에 있는 200여 개의 지사 사옥과 직원들이 머무는 사택 건물까지 포함하여 한국전력공사의 건축공학기술자들은 매우 다양한 건축물을 다루게 됩니다. 또한, 건물 구조의 안전성에 관한 연구, 건물이 위치할 대지의 경제성 검토 및 유휴 부동산을 활용한 부동산 개발업무도 건축공학기술자의 업무입니다.

▸ 건설현장 공사감독(2016)

▸ CAD 컨퍼런스 발표 (2017)

▸ 평창동계올림픽 성화봉송 (2018)

건축사사무소와 한국전력공사에서의 업무의 차이점이 있나요?

건축사사무소는 건축사가 속한 전문 조직으로 건축설계와 감리업무를 수행합니다. 건축사사무소에서는 고객이 원하는 설계를 완성하는 것이 주요업무입니다. 그에 비해 한국전력공사는 외부 전문 용역사에 업무를 의뢰하는 발주청입니다. 건축사사무소에 설계업무를 의뢰하고 건설회사에 시공업무를 의뢰하죠. 발주청에 소속된 건축기술자들은 설계, 시공, 부동산개발등의 용역이 제대로 원활하게 수행될 수 있도록 관리하는 역할을 담당하게 됩니다.

건축설계는 설계담당부서에서 건축사사무소에 용역을 발주하고 설계업무를 감독하는 방식으로 진행하고요. 건축물의 시공 관리는 사내대표건축사가 감리자로 지정되고 각 현장의 공사감독직원이 건축사보로 임명되어 감리업무를 수행합니다. 종합적으로 한국전력공사의 건축 담당 직원은 부동산개발, 설계, 시공관리, 감리, 유지보수 등 건축물 생애주기의 전 과정에 필요한 거의 모든 업무를 수행할 수 있지요.

Question

공공분야 건축의 미래는 어떨까요?

한국전력공사에서 수행하는 건축 사업은 법령상 공공건축으로 분류됩니다. 공공건축의 사회적 역할이 강조되면서 한국전력공사와 같은 공공기관에서 담당하는 건축물의 역할도 커지고 있어요. 건축물 에너지효율등급, 제로건축물 인증, 녹색건축 인증 등 건물의 에너지효율 향상을 위한 기준들이 강화되고 있습니다. 건물의 구조 성능 확보를 위한 기존 건축물의 내진보강 수요 증가, 업무수행방식 변화에 따른 사무 공간의 스마트오피스로의 전환 등 건축 관련 이슈들이 늘어나는 추세입니다. 건축 기술 능력을 기반으로 다양한 분야와 협업을 통해 공공건축의 역할 강화와 시대의 변화에 따른 요구사항들을 해결해 나간다는 점이 한국전력공사 건축 업무의 매력인 것 같아요.

건축공학기술자로 일하시면서 깨닫게 되는 점이 있을까요?

건축이라는 분야가 협업해야 할 분야가 많다는 사실입니다. 대학에서 건축공학을 전공할 때는 혼자서 잘하면 과제점수도 잘 받고 시험도 잘 볼 수 있어 성적을 잘 받을 수 있었죠. 현업의 건축은 전혀 그렇지 않답니다. 건축은 목적물인 건축물을 만들기 위해 다양한 분야의 관계자들과 협업합니다. 인허가 과정에서는 지자체의 담당 공무원과의 협의는 필수적이며, 대지에 건물을 앉히기 위해서는 토목기술자들과, 건물의 안정성을 확보하기 위해서는 구조기술자들과의 협업이 요구됩니다. 기계, 전기, 소방, 통신, 조경과 같은 다른 분야와의 업무협의는 설계단계부터 시공까지 전 과정에서 매우 중요하지요. 모든 과정은 소통을 통한 협의와 협업을 통해서 이뤄집니다.

Question

본인만이 추구하시는 업무 철학이 있으신가요?

현재 기술적인 부분으로 건설업무에 참여하는 감리업무를 담당하다 보니 예술적인 차원의 건축을 논하긴 어렵죠.

이런 업무특성 상 제가 생각하는 건축의 핵심은 소통입니다. 건축의 모든 과정이 소통에서 시작해서 소통으로 마무리된다고 봐도 무방합니다. 비대면보다는 대면을, 메일보다는 전화를 선호하죠. 좀 더 인간적인 방법으로 소통하는 것이 중요하다고 봅니다. 물론 중요한 전달은 이메일이나 공문을 이용하지만, 그 경우에도 전화를 통한 설명이나 대면 미팅을 최대한 하려고 하고요. 코로나로 인한 비대면 업무가 많아져서 그런 부분에서 아쉽긴 합니다. 설계하는 과정에서도 건축주(고객)와 관계가 좋을수록 더 좋은 디자인이 나올 수 있답니다.

Question 한국전력공사에 입사할 방법을 알고 싶어요

모든 채용은 신입 공채를 통해서 이뤄집니다. 간혹 사내 변호사, 홍보 담당과 같은 특수 직무의 경우 경력 채용이 있으나, 건축직군은 모두 공채를 통해 신입직원을 선발하죠. 채용 방식은 고졸 수준, 대졸 수준 채용이 있으며, 상반기, 하반기 공채와 중간에 채용형 인턴 전형이 있는데, 건축직군은 1년에 1~2회 모집하며 10명 내외로 선발합니다. 채용 절차는 서류전형, 직무능력검사, 직무면접 및 인성검사, 경영진면접, 신체검사 및 신원조회의 5단계로 되어있어요. 필기 전형인 직무능력검사는 전공내용 이론과 NCS의 문제가 복합되어 출제되고요. 직무면접에서 전공 관련 내용을 심도 있게 검증하므로 전공에 대한 철저한 준비가 필요하답니다. 채용에 관한 정보는 한국전력공사 채용정보(http://recruit.kepco.co.kr/)에서 확인할 수 있고요.

Question 입사 후에 기억에 남는 프로젝트는 무엇인가요?

가장 기억에 남는 것은 '평창올림픽 변전소'와 'KEPCO 천안전력지사 사옥'입니다. '평창올림픽 변전소'는 평창올림픽대회 주경기장 전력공급을 담당한 변전소로 제가 건축시공 감독을 했던 프로젝트랍니다. 덕분에 2018 평창 동계올림픽대회의 성화 봉송 주자로도 참여하게 되었죠. 'KEPCO 천안전력지사 사옥'은 기본설계단계부터 실시설계 단계까지의 설계업무 감독을 했던 프로젝트입니다. 직접 설계단계에서 최신 3차원 정보 CAD 기술인 BIM(Building Information Modeling)을 적용하여 설계 품질검토를 수행했죠. 해당 사례로 2019디지털건축대전에서 최우수상을 받기도 했고요.

Question 앞으로 어떠한 비전이 있으신가요?

회사 내에서는 관리자인 부장이 되어 프로젝트와 부서를 이끌고 싶고, 직무에서는 한국전력공사의 부동산개발업무를 수행하고 싶어요. 개인적인 계획은 지속적인 학습을 하려고 합니다. 건축 분야에 국한되지 않고 건설, 도시, ICT, 빅데이터 분야의 역량을 키워 우리가 사는 도시의 문제를 해결하고 도시가 나아가야 할 방향을 제시할 수 있는 스마트시티 분야의 전문가로 성장하고 싶고요. 또한, 기술과 실무를 연결해주는 중개자가 되어 최신 기술과 실무 현장 사이의 간격을 줄여가는 데 기여하는 Technical Evangelist가 되는 게 목표입니다.

Question 진로에 대한 고민하는 학생들에게 하실 말씀은?

하나의 진로나 직업이 자신의 적성과 맞느냐는 쉽게 확인하기 어려운 과정이라고 봐요. 하지만 계속해서 관심을 가지고 다양한 활동을 통해서 맞춰 가다 보면 자신의 적성에 적합한지 깨닫게 되죠. 좋아하는 분야나 관심이 있는 분야가 있다면 관련된 활동들을 작은 것부터 하나씩 실천해 볼 것을 권해요. 계속해서 뭔가를 쌓아가다 보면 방향이 정립되고, 모인 자료와 경험을 통해서 새로운 경험의 기회가 만들어지거든요. 그 기회가 무엇이 될 것인지는 자신의 노력과 꾸준함에 달려있겠죠. 어떤 직업을 갖는 것, 어떤 회사에 입사하는 게 중요하다기보다는 어떠한 방향성을 가지고 있느냐가 더 중요하다고 생각합니다. 또한, 많은 사람과 교류해보세요. 친한 친구들과 만남도 좋겠지만, 다양한 사람들을 만나 넓은 관계를 맺어보시길 바랍니다. 전혀 생각지 못한 만남에서 새로운 통찰을 얻을 수도 있고, 지속적인 모임을 통해 서로 정보도 얻고 친목도 도모하며 계속해서 앞으로 나아갈 수 있는 동력도 얻을 수 있답니다.

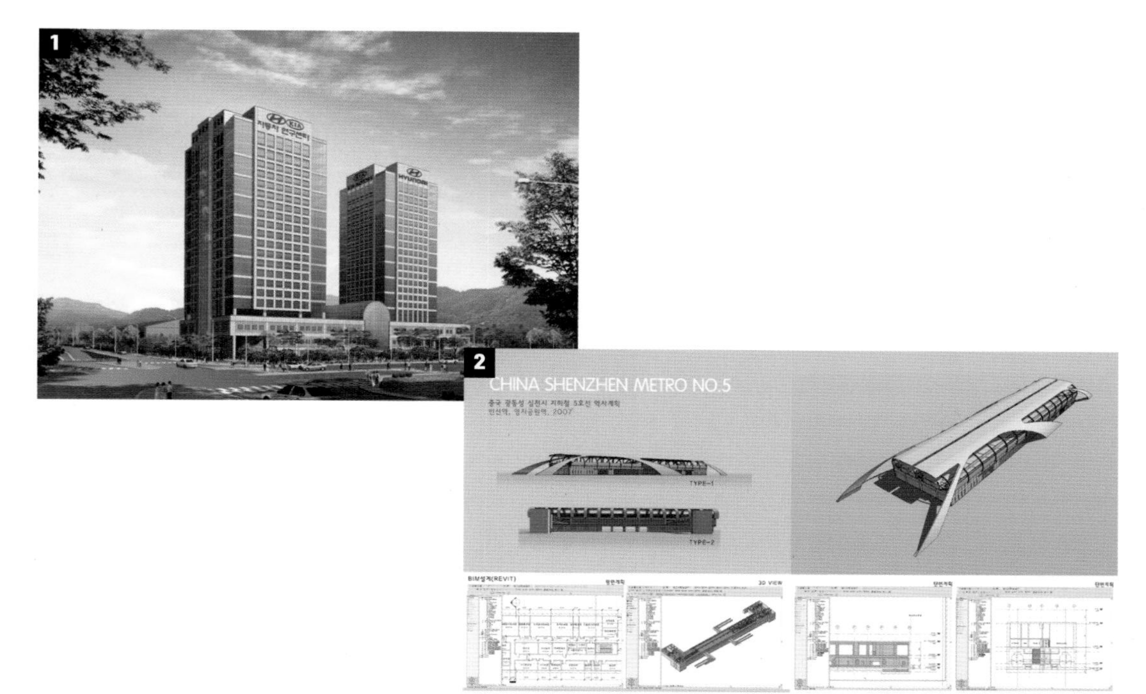

1 현대자동차 양재동 사옥 증축공사(2006)
2 중국 심천시 지하철5호선 역사(2008)
3 서초구 남부터미널 재개발계획(2011)
4 평창올림픽 변전소(2017)
5 KEPCO 천안전력지사 사옥(2020)

어린 시절 열악한 환경 속에서도 부모님의 지지와 좋은 친구들과 만남이 있었다. 고등학교 시절에는 음악의 세계에 심취하기도 하였으며 축구를 좋아하는 활발한 성격이었다. 어느 시점부터 지구 환경에 대한 남다른 관심을 품게 되었다. 건축 분야로 대학을 진학하였고, 디자인이나 예술의 성격이 강한 건축가보다는 데이터를 기반으로 한 건축공학 분야에 흥미를 느끼게 된다. 국내에서 학부와 석사 과정을 마친 후 미국에서 박사과정 및 박사 후 과정을 수행한 후 2020년도 인하대학교에 부임하였다. 건축공학의 환경설비 분야를 전공하고 있으며 인하대학교의 건축공학과 교수로 근무 중이다. 매 학기 2~3개의 학부 및 대학원 수업을 강의하면서 국가 연구과제를 수행하고 있다.

인하대학교 건축공학과

조재완 교수

현) 인하대 건축학부 및 대학원 건축공학 교수

- 주요 연구 분야 '환경설비'
- 미국 'Oak Ridge National Lab' 박사 후 연구원 과정
- 미국 퍼듀대학 건축공학 박사학위 취득
- 서울시립대 건축공학 석사
- 서울시립대 건축공학 학사

건축사, 건축공학기술자의 스케줄

조재완 교수의 **하루**

*수업이 있는 날과 없는 날이 다릅니다. 아침에 출근하며 일과를 계획합니다. 수업 준비를 하고 강의 이후에는 연구에 매진합니다. 학생들과의 연구 프로젝트 미팅을 주기적으로 수행하고 학회의 학술발표, 회의 등 외부 활동을 하기도 합니다.

22:00 ~ 24:00
▸ 미비한 업무/연구 보완

24:00 ~
▸ 취침

08:00 ~ 09:00
▸ 기상 / 식사 / 출근

09:00 ~ 12:00
▸ 오전 강의

12:00 ~ 13:30
▸ 점심

13:30 ~ 15:00
▸ 강의 준비
▸ 연구 프로젝트 수행

15:00 ~ 17:00
▸ 학과 행정
▸ 학생 미팅 등

17:00 ~ 20:00
▸ 퇴근/ 저녁 식사

20:00 ~ 22:00
▸ 가족과 시간 보내기

건축가보다는 건축공학자

▶ 어린 시절

▶ 어린 시절(왼쪽)

▶ 대학생 시절

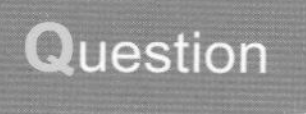

유년 시절에 어떤 환경에서 자라셨나요?

서울의 왕십리 산동네에서 열악한 환경 속에 초등학교 시절을 보냈습니다. 어려운 환경이지만 저에 대한 부모님의 믿음으로 큰 말썽 없이 성실하게 학창 시절을 보냈죠. 학업 성취도에 대한 부모님의 기대나 요구는 전혀 없으셨어요. 감사하게도 좋은 친구들을 많이 만나면서 보냈습니다.

Question

학창 시절은 어떻게 보내셨나요?

밝고 활발한 학생이었습니다. 축구를 좋아하고 친구들과 잘 어울렸었죠. 혼자 있는 시간에는 레고 등의 블록을 가지고 노는 것을 좋아했습니다. 어느 때부터인가 지구 환경을 지키고 보존하고자 하는 꿈이 생겼습니다만, 직업이나 꿈 등 구체적인 계획은 없었습니다. 고등학교에 진학하면서 힙합음악이나 알엔비 등에 심취하여 많은 시간을 음악을 듣는 데에 할애했었죠. 덕분에 사춘기를 어려움 없이 잘 넘긴 것 같습니다.

Question

특별히 좋아하셨던 과목은?

다양한 과목을 두루 좋아했었습니다. 역사 과목에 흥미가 있었지만 암기해야 할 게 많아서 가까이하지는 않았지요. 수학, 과학 등의 이과 과목에 약간의 흥미가 있었습니다.

Question 부모님이 원하신 장래 희망이 있었나요?

부모님은 제가 무엇이 되었으면 좋겠다고 한 번도 말씀하신 적이 없으셨어요. 단지 제 비전은 지구 환경에 도움을 주는 막연한 것이었습니다. 학창시절 환경적으로 잘 정비·정리되지 못한 지역에 살다 보니 자연스럽게 쓰레기로 더러워진 골목길로 통학하였습니다. 그러한 일상의 장면들에 제가 환경에 관심을 갖고 또한 지구 환경을 개선해야겠다고 생각하게 되었던 계기가 되었습니다.

Question 학창 시절 진로에 영향을 준 활동을 말씀해 주시겠어요?

레고 블록을 많이 가지고 놀았던 것이 건축공학과에 진학을 결정하는 데 도움이 되었다고 할 수 있죠. 또한, 무엇인가를 창작하고 결과물을 만들어 냈던 활동들이 공학 공부나 업무를 하는 데 많은 도움이 되었습니다.

Question 건축공학을 전공하게 된 계기는 무엇이었나요?

건축도시조경 학부에 진학했었고 5개의 전공(건축학, 건축공학, 도시공학, 교통공학, 조경학) 중에 원하는 전공을 선택해야 했어요. 블록 놀이를 좋아했고 만드는 일에 흥미가 있었기에 도시공학이나 건축학에 관심이 있었습니다. 하지만 설계 수업을 들으며 디자이너나 예술가에 대한 환상이 사라졌습니다. 데이터를 가지고 문제를 객관적이고 합리적으로 해결할 수 있는 공학을 선택해야겠다는 결심이 섰기에 건축공학을 선택하게 되었지요. 특히 어릴 적 꿈과 비전에 맞닿아 있는 환경설비 분야에 집중해서 학부 수업을 수강하였고, 석·박사까지 이어가게 되었습니다.

Question 대학 생활은 재미있었나요?

대학 생활은 군입대 전에는 동아리 활동(흑인음악 동아리)에 심취했었죠. 복학 후 2~4학년은 동아리 활동과 함께 학과 공부에 더욱 매진했고요. 매해 동아리 정기공연에 참여했습니다. 직접 가사를 쓰고 또한 곡을 만들면서 나름대로 만족할 만한 수준의 작업물들을 가지고 공연하였습니다. 10년이 지나도 부끄럽지 않은 가사를 써보자고 선후배들과 얘기했던 기억이 납니다. 지금 보아도 부끄럽지 않더라고요. 20대의 어느 순간 혹은 기간 동안 느꼈던 감정들을 잘 정리해 놓은, 박제된 일기장과도 같은 느낌입니다. 동아리와 학과에서 감사하게도 좋은 동기, 선후배들을 만나서 즐거운 대학 생활을 할 수 있었습니다.

Question 축구를 많이 좋아하신다고 들었습니다.

어릴 적부터 유학 시절까지 축구를 좋아했습니다. 인하대학교 부임 후에 운이 좋게 '뭉쳐야 찬다'라는 방송에 나올 수 있었죠. 후보 선수로 출전하였고 골키퍼로 교체되어 5대0으로 패배하는 데 크게 일조했습니다. 유튜브 영상으로 영원히 박제되어 있지요.

Question 진로 결정에 영향을 준 계기가 있었나요?

학과 선배들의 권유로 대학원 석사과정을 진학하게 되었는데 현재의 직업을 갖게 된 결정적인 계기가 되었습니다. 또한 학부 시절 일본, 홍콩 학생들과 함께 국제 워크숍/세미나에 참석했던 경험이 대학원 진학 및 박사 유학에 큰 영향을 주었습니다.

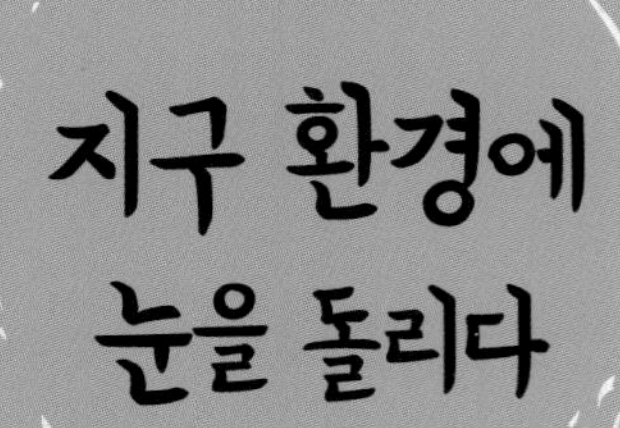

지구 환경에 눈을 돌리다

▶ 요세미티 국립공원에서

▶ 유학 시절 퍼듀 토목과 한인 모임

▶ 박사 발표

Question 교수님 이전의 직업이 있으시다면 무엇이었나요?

특별히 다른 직업을 가져본 경험은 없어요. 다만 미국에서 박사 학위를 위해서 유학 생활을 했는데 미국의 국책 연구소(Oak Ridge 국가연구소)에서 박사후 과정으로 1년 남짓 일을 했던 경험이 있습니다. Oak Ridge 국가연구소는 미국이 2차 세계대전 말에 원자 폭탄을 개발했던 연구소인데요. 출입과 연구 활동 중에 보안이 철저하여 내부에서 찍은 사진이 거의 없습니다. 매일 출근 시 장총을 소지한 경계 요원들에게 배지를 보여주고 연구실에 들어갈 수 있었습니다. 무서웠지만 흥미로운 경험이었죠.

Question 건축공학기술자가 되기 위해선 어떤 준비가 필요할까요?

기본적인 공학 소양이 필요합니다. 예를 들면 수학, 과학, 물리 등과 같은 분야겠죠. 그리고 건축물과 인간에 대한 이해를 넓히기 위해 깊은 고민이 필요합니다. 또한 모든 이공계 분야가 마찬가지겠지만 시대의 흐름을 읽는 기술 관련 서적이나 인터넷 자료들을 읽으면 좋겠습니다. 건축공학 분야 역시 4차 산업혁명과 밀접한 관련이 있습니다.

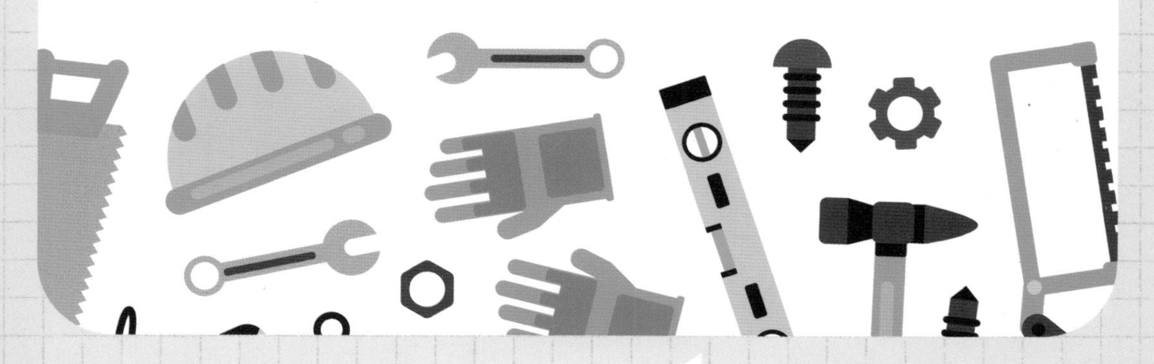

Question 건축공학을 전문적으로 공부하고자 하신 이유가 있나요?

어느 시점부터 지구 환경을 보존하는 데에 이바지해야겠다는 비전이 생겼죠. 에너지를 절감하고 환경을 지키고 싶은 소망 같은 거 있잖아요. 건축공학의 전공 중에 제 비전과 관련이 있는 것이 환경설비 분야였습니다. 건축물은 전체 산업에서 약 30~40%의 에너지를 소비할 만큼 에너지 절감에 있어서 중요한 분야입니다. 환경설비 분야는 건축물의 냉난방 에너지를 절감하기 위한 건물의 디자인, 운영전략 등을 연구합니다. 스마트 시티 관점에서 재생에너지 등과도 연계한 시스템 설계/운영 등을 제시합니다. 또한 재실자의 열 (온도), 빛(조명), 및 음(소음)의 환경을 유지하기 위한 기술을 개발하고 적용합니다. 저는 이중 주로 건축물의 냉난방 시스템을 최적화 및 기계학습을 기반으로 예측 운영하는 연구를 수행하고 있습니다.

Question 건축 과정에서 가장 중점을 두는 요소는 무엇인가요?

건축 과정은 건축가(디자이너)와 건축공학자(엔지니어)가 함께 인간의 생활과 활동 공간을 계획하고 만들고 유지·관리하는 과정입니다. 각기 다른 분야 전문가들과의 협업이 필수적이죠. 또한 각 분야를 전공하는 데 있어서 인접 분야의 기본 소양을 갖추고 있어야 실력 있는 전문가가 될 수 있습니다.

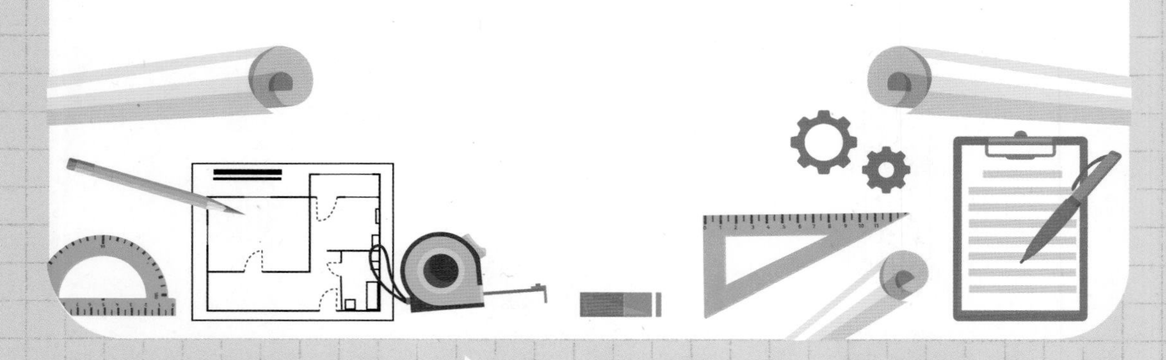

Question 대학교수님으로서의 업무를 알고 싶어요.

현재 인하대학교 건축공학과 학부와 대학원에서 강의는 매 학기 2~3개 정도를 진행하고 있습니다. 연구 프로젝트는 한국연구재단의 개인 및 집단 과제를 2가지 수행하고 있고요. 외부 활동으로는 제 연구와 관련된 학회 활동이 있습니다. 예를 들면, 매 학기 진행되는 학술발표대회나 정기 이사회 등과 같은 것이죠.

Question 대학에서의 근무환경은 어떠신가요?

근무환경은 기본적으로 독립적이며 자율적입니다. 급여도 각 교수의 능력에 따라서 연봉 등은 차등적으로 되어 있고요. 지난해 저는 서울산업진흥원의 인공지능기술사업화 지원사업의 과제를 수행하였습니다. 국내 최대 규모의 백화점 건물을 빌딩에너지 시뮬레이션 툴을 이용하여 모델링 하였고 모델기반 예측제어를 위한 간략화 모델을 개발하였습니다. 현재 저는 연구재단의 국가 과제를 2가지 수행 중입니다. 건축물의 공기 유동에 대한 기초연구실의 과제를 시작하였습니다. 또한 모델기반 예측제어와 기계학습 기반의 예측제어 연구를 수행 중입니다. 이를 통해 여름철/겨울철 피크 제어를 절감하여 국가적인 에너지 재난에 대비할 수 있으며 동시에 건물의 사용자에게 비용 절감을 실현할 수 있습니다.

데이터는 거짓말을 하지 않는다

▶ 박사 졸업식

▶ 신임교원 인터뷰 사진

▶ 한국태양에너지학회 학술발표대회 발표

Question 건축공학기술자에 대한 오해는 무엇이라고 생각하시나요?

건축공학을 얘기하면 보통 디자이너를 떠올립니다. 영화 '건축학개론'의 이제훈은 건축가로 성장하여 실무에서 활약하죠. 하지만 드라마 '나의 아저씨'의 이선균은 건축구조기술사로서 건축공학자의 길을 걸었습니다. 또한 우리가 무심히 지나치는 다양한 공사현장, 예를 들어 아파트는 건축공학기술자의 다양한 기술과 관리하에 모든 업무가 진행되고 있답니다. 마지막으로 우리가 거주하는 모든 실내의 환경은 냉난방 기술자들에 의하여 계획되고 운영·유지되고 있죠. 빅데이터와 머신러닝 등의 학문에서 건축공학 분야는 날로 성장하는 추세고요.

Question 건축공학자로서의 철학이 있으시다면 무엇인가요?

건축공학자로서의 철학은 단연코 객관성입니다. 실제 측정된 데이터는 거짓말을 하지 않습니다. 공학자는 데이터로 말을 합니다. 이를 기반으로 모델링하고 시뮬레이션하고 검증하고 실제 반영을 함으로써 세상을 변화시키죠. 그런 면에서 예술적 측면이 강조된 건축 디자인과는 많은 차이를 나타냅니다.

앞으로 많은 건물이 IoT(사물인터넷)와 결합하여 수많은 데이터를 생성하고 교환하며 운영 및 관리에 사용될 것입니다. 또한 적극적으로 재실자와 통신하며 만족할 만한 환경을 제공하는데 이용될 것입니다. 건축물은 사용자와 함께 숨 쉬며 대화하는 시스템으로 진화할 것입니다.

Question 건축공학자는 어떤 소양을 갖춰야 할까요?

데이터에 기반을 둔 공학 분야로써 건축공학은 4차 산업혁명과 밀접한 관련이 있습니다. 동시에 건물은 인간이 거주하며 생활하는 공간입니다. 인간을 이롭게 하는 기술을 개발해야 하는 공학자로서 기술 개발과 인간 존엄성을 꾸준히 고민해야 할 것입니다. 이는 공학 윤리과목 등을 수강하며 학부과정에서 배울 수 있습니다. 졸업 이후에도 공학자로서 이에 대한 끊임없는 고민이 있어야 할 것입니다. 이를 통해 국가적 재난 상황에서 올바른 의사 결정을 할 수 있을 것입니다.

Question 대학에서 지도하시는 과목은 무엇인가요?

대학에서는 1학년 1학기 '건축공학개론'을 지도하고 있고요. 2학년 2학기에는 '건축환경-빛음 환경'을 지도합니다. 또한, 건축물의 냉난방 시스템을 분석 및 운영하며 에너지와 비용을 절감하고 실내 환경을 유지하는 연구를 하고 있죠.

Question 강의하시는 '건축환경-빛음 환경'은 어떤 걸 배우는 과목인가요?

건축환경-빛음 환경 수업은 실내의 빛 환경 (조명)과 음환경 (소음)을 배우는 과목입니다. 실내 조명 시스템을 배우고 이를 디자인/제어하는 방법을 이해하는 과목입니다. 또한 건축물과 관련된 소음의 이론적인 개념을 이해하고 실생활에서 어떻게 적용되며 문제점을 개선할 수 있는지 배웁니다. 층간소음, 공사장 소음, 도로교통 소음 등에 대해서 토의합니다.

학생들은 두 번의 중간고사를 통해 이론 과정을 테스트 받습니다. 또한, 조도기, 소음기, 아두이노 등을 이용하여 학기말 프로젝트를 수행합니다. 학생들은 사이트 답사, 실험, 데이터 분석 등을 수행하게 됩니다.

Question

기억에 남는 프로젝트는 무엇인가요?

박사학위 과정에서 건물의 바닥냉방 시스템을 최적 운영하였습니다. 실제 건물에 제가 만든 시뮬레이션 모델을 적용하고 예측하여 최적 제어할 수 있었습니다. 시뮬레이션 상으로 보여주었던 에너지 절감량을 실제 건물에 구현할 수 있어서 매우 흥미로웠죠.

Question

대학에서 교수님의 특별한 비전이 있나요?

앞으로 다양한 학생들과 함께 연구를 수행하며 지도할 텐데 수업 및 연구에서 학생들에게 좋은 멘토가 되어주는 것이 가장 큰 비전이라고 할 수 있겠네요. 이를 통해서 우수한 학생들을 배출하고 진학도 시키고 취업도 시키는 것이지요. 또 학교의 발전과 제 스스로 연구 역량의 향상을 위해 꾸준히 노력할 것입니다.

Question

미래를 계획하는 청소년들에게 해주고 싶은 말씀은?

흰 도화지 같은 여러분의 미래를 예쁜 색깔로 하나하나 칠해 나가기 바랍니다. 소중한 경험을 하나씩 채워가다 보면 아름다운 그림이 되어 있을 거예요.

건축사, 건축공학기술자에게 청소년들이 묻다

청소년들이 건축사, 건축공학기술자에게
직접 물어보는 9가지 질문

컴퓨터 활용 능력이 건축공학에 많은 도움이 되나요?

디자인, 구조해석, 공정관리 등 건축공학 분야에서 컴퓨터는 널리 활용됩니다. 그래서 어느 수준 이상 컴퓨터 활용 능력은 필수적입니다. 저는 대학 시절 컴퓨터를 워낙 좋아하다 보니 대부분의 시간을 건축학과 전산실에서 보냈어요. 그러던 중에 컴퓨터에 설치되어 있던 CAD 프로그램(AutoCAD R14)을 접하게 되었고, 샘플로 들어있던 시드니오페라 하우스 3D 모델을 봤습니다. 그때 그 화면에 매료되어 컴퓨터를 이용한 디자인인 CAD에 빠져들게 되었죠. CAD를 처음 접한 후 체계적으로 CAD를 배우고 싶은 욕심이 생겼어요. 그래서 군입대 전, 공인 교육센터에서 CAD 자격증을 취득했습니다. 그때 자격증을 취득한 것이 복학 후에 많은 도움이 됐어요. 건축설계 과제를 하면서 손 도면이 아닌 CAD 도면을 작성하는 일이 많았는데, 다른 친구들에 비해 결과물을 빨리 만들 수 있었죠. 결과물을 만드는 시간이 줄어들다 보니 설계에 더 집중할 수 있게 되었습니다. 그때 익힌 기술들이 바탕이 되어 지금도 업무에서 컴퓨터 활용은 수월한 편입니다.

부모님이 특별한 진로를 요구하시진 않았나요?

부모님께서는 한 번도 특정한 진로를 강요하시지는 않았어요. 다만 미술을 하셨던 아버지께서 제가 미술 분야에 관심을 가질까 봐 좀 경계하셨던 기억은 있습니다. 미술 분야가 어려운 길이라서 그러셨겠죠. 그래서인지 초등학교 때 그림을 그려서 상을 받아오면 아버지께서 별로 좋아하시지 않았던 것 같아요. 그래서 중고등학교 때 그림을 그렸던 기억은 거의 없습니다. 그런데 건축가의 꿈을 꾸고 대학 때부터 다시 그리기 시작했죠. 대학교 때는 그림을 너무 못 그린다, 스케치를 못 한다는 말을 많이 들었답니다. 그래도 20년을 꾸준히 하니까 지금은 그럭저럭 표현하고자 하는 것을 그리는 편입니다.

근무 여건이 다른 업종과 차이가 있나요?

디자인하는 사무소의 특성상, 전반적으로 자유로운 근무환경을 갖추고 있습니다. 아이디어를 낼 때 직급에 따라 의견이 결정되는 구조가 아닌 수평적인 관계로 운영되고 있죠. 주로 감성적인 시간에 아이디어가 나오다 보니 야근이 어느 정도 존재하는 단점이 있습니다. 1990년대에는 건축사사무소의 연봉이 낮았지만, 현재는 다른 디자인사무소보다 연봉은 높은 편으로 알고 있습니다.

미국에서의 유학 생활이 궁금합니다.

박사과정은 2013년 8월부터 2018년 8월까지 미국 인디애나 주의 Purdue 대학교에서 했었죠. 박사 후 연구는 2018년 11월부터 2021년 2월까지 미국 테네시주의 Oak Ridge 국가연구소에서 했답니다. 미국의 다양한 학교에 한국 유학생들이 많습니다. 제가 있던 Purdue도 한인 학생들의 활동이 활발했고요. 저는 토목과 소속으로 선후배들과 함께 많은 시간을 보냈습니다. 또한 대학원 입학 동기들과 함께 축구 모임을 만들어 5~6년 동안 거의 매주 빠지지 않고 실내 축구를 즐겼어요. 또한, 한인 교회에서 많은 활동을 하면서 좋은 시간을 보낼 수 있었습니다. 여름방학을 이용해서 미국의 많은 도시를 여행도 했고요.

건축사의 길을 가고 싶은데 어떤 자세가 중요할까요?

어떤 하나의 부분에 대해서 전문가가 된다는 것은 명확한 자기 주제를 가지고 꾸준히 연구해서 제대로 쌓였을 때를 말하죠. 최소한 10년 정도 연구할 수 있는 테마를 찾아내고 연구하는 과정이 필요합니다. 찾아가는 과정에서, 멀리 바라보면서 그것을 어떻게 성취하여 자기 생각을 끌어낼 것인가를 지속해서 고민할 필요가 있습니다.

건축공학과 졸업 후에 실제적인 진출 방향을 알 수 있을까요?

저는 대학 졸업 후 건축사사무소 정림건축에서 4년, 건축사사무소 DMP에서 8년의 실무수련(실무수련 중에 건축사취득)을 하고 2015년 건축사사무소를 오픈해서 제 이름으로 건축 활동을 하고 있습니다. IMF에 대학을 다녔던, 저의 경우를 예로 들어보겠습니다.

우리 학교 건축공학과 한 학년이 90명 정도이었죠. 졸업 후에 시공사, 공기업, 공무원, 투자회사 등 많은 직종으로 취업을 합니다. 건축사사무소에 취업한 친구들이 한 20명 정도이며 지금도 건축설계를 계속하고 자격증을 취득해 건축사사무소를 운영하는 친구들은 한 5명 정도밖에 안 됩니다. 건축사가 되는 게 쉽지만은 않거든요. 대학교도 오래 다녀야 하고, 실무수련 과정도 힘들고 어려울 수 있습니다. 건축사사무소의 급여도 그렇게 높지는 않은 편입니다. 또한 건축사자격증을 취득했다고 해서 사무소를 운영하는 것 또한 쉬운 일은 아닙니다. 건축사를 취득해서 회사 직원으로 지내는 건축사도 많고요. 무조건 자신이 대표가 될 필요는 없답니다.

한국전력공사에서 건축공학기술자로서 근무 여건은 어떤가요?

한국전력공사에 건축직으로 입사하면 퇴직 때까지 건축 관련 업무를 수행하게 됩니다. 건축과 직접적으로 연관된 설계, 시공 업무부터 부동산개발, 해외사업개발, 건축 관련 홍보, 연구 등 간접적으로 건축과 연계된 다양한 업무를 수행하죠. 회사 소속의 근로자로서 개인이 원하는 직무만 골라서 할 수는 없고 인사이동에 따라 배치된 사업소나 본사 부서의 고유 업무를 하게 됩니다. 인사이동은 매년 이뤄지고 있고 개인은 보통 2~4년 정도의 기간을 두고 인사이동이 이뤄지면서 담당 직무가 변경되죠. 급여 수준은 글로벌 대기업들에 비해서는 적은 편이지만 타 공공기관보다는 우수한 급여 수준이랍니다. 기술 관련 자격을 보유하고 있는 경우 매달 자격수당도 받을 수 있습니다.

건축사사무소와 건축사무소가 다른가요?

건축가라는 직업을 잘 모르다 보니 공사를 하는 사람과 설계(디자인)를 하는 사람을 잘 구분하지 못하는 경우가 많답니다. 우리나라는 법적으로 설계와 시공을 분리하여 운영하게 되어 있어요. 건축사사무소는 건축주의 요구사항에 맞는 디자인을 설계도면으로 만드는 회사이고, 건축사무소는 설계도면을 바탕으로 안전하고 좋은 품질의 건물을 짓는 회사입니다.

건축 업무에 관해서 잘못 알고 있는 게 있을까요?

간혹 아직도 드라마 같은 곳에서 건축설계를 제도판을 두고 손으로 도면을 그리는 것을 보여주곤 하는데, 실제 현장은 전혀 그렇지 않습니다. 모든 도면을 컴퓨터를 통해서 그리고 더 나아가서는 3D 툴을 이용하고 가상공간을 만들고 VR장비를 사용하여 실제 공간을 경험할 수 있게도 하고 있습니다.

BONDING PLATES
WITH 8 SQ IN
GROUNDS
140 150 160 170 180
STEEL

예비 건축사, 건축공학기술자 아카데미

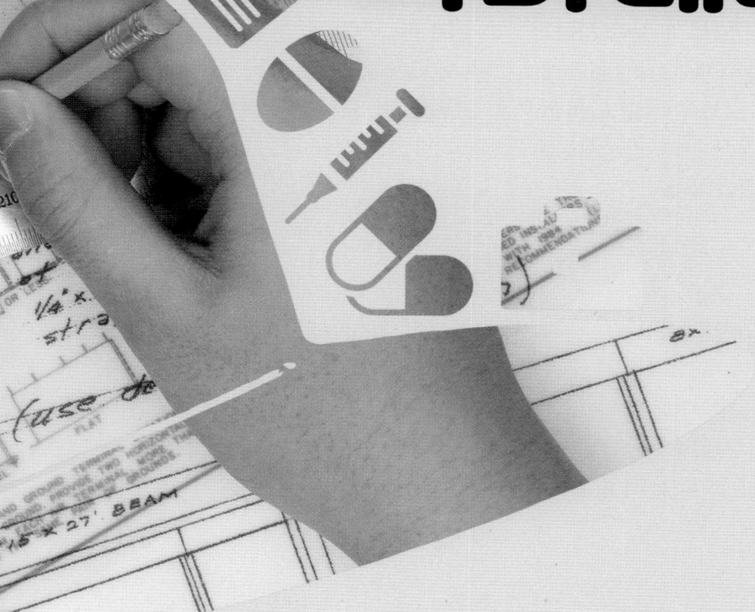

건축 관련 대학 및 학과

건축학과

학과 개요

휴식과 편안함을 주는 집과 일을 하는 직장, 공부를 할 수 있는 학교와 학원, 식사와 쇼핑을 할 수 있는 상점 등에서 우리는 하루도 빠짐없이 수많은 건축물을 이용하고 있습니다. 건축학과에서는 우리가 외부 환경으로부터 보호받고, 사용 목적과 용도에 따라 건축물을 편리하고 쉽고 편안하게 이용할 수 있도록 건축물을 설계하고 만드는 방법에 대해 배웁니다. 건축학과는 역사, 문화, 예술, 인문학적 지식과 건축 관련 전문적 지식까지 종합적인 이론과 실습을 바탕으로 건축물을 만들 수 있는 인재를 양성하는 학과입니다.

학과 특성

건축 · 건설 기술은 우리 생활과 삶의 방식을 기초로 빠르게 발전하여 다양화, 첨단화, 정보화되고 있습니다. 건축 설계에 따른 구조 설계, 건축 시공과 건축물의 관리까지 전 분야에 걸쳐 ICT 기술을 활용하고 있습니다. 최근에는 BIM(Building Information Modeling) 설계, 증강현실(AR)과 가상현실(VR)을 이용한 건축 설계, 3D프린터를 활용한 건축 3D모델링, 드론을 활용한 건축 측량, 사물인터넷(IoT)을 활용한 건축 공간 구성, 인공지능(AI)을 활용한 건축 법규 검토 등 최신 기술이 건축학과에 접목하여 사용되고 있습니다.

흥미와 적성

건축은 일상생활에 밀접한 관계가 있어 문화와 예술을 반영하므로, 사회현상이나 문화예술과 관련된 분야에 폭넓은 관심이 있으면 좋습니다. 건축 공간을 상상하고 구성해 볼 수 있는 공간 지각력과 건축물의 실내외 구성에 필요한 미술 감각, 그리고 사용 목적에 맞는 건축물을 만들기 위한 여러 분야에 대한 폭넓은 관심과 자료수집 능력이 필요합니다. 건축물을 설계하는데 필요한 다양한 프로그램을 쉽게 배울 수 있도록 컴퓨터 활용능력도 갖추면 좋습니다.

개설대학

지역	대학명	학과명
서울특별시	건국대학교(서울캠퍼스)	건축설계전공
	건국대학교(서울캠퍼스)	건축학부
	건국대학교(서울캠퍼스)	주거환경전공
	건국대학교(서울캠퍼스)	건축학전공
	건국대학교(서울캠퍼스)	건축학과
	경희대학교(본교-서울캠퍼스)	건축학과
	경희대학교(본교-서울캠퍼스)	주거환경학과
	고려대학교	건축사회환경공학부
	고려대학교	건축학과
	광운대학교	건축학과
	국민대학교	건축설계전공
	국민대학교	건축학전공
	국민대학교	건축학부
	동국대학교(서울캠퍼스)	건축학전공
	삼육대학교	건축학과
	서울과학기술대학교	건축학부건축학전공
	서울과학기술대학교	친환경건축시스템공학과
	서울대학교	건축학과
	서울대학교	건축학과 건축학전공(5년제)
	서울문화예술대학교	친환경건축학과
	서울사이버대학교	건축공간디자인학과
	서울시립대학교	건축학부 건축학전공(5년제)
	성균관대학교	건축학과
	세종대학교	건축학전공
	숭실대학교	건축학부 건축학전공
	숭실대학교	건축학부
	숭실대학교	건축학부 실내건축전공
	연세대학교(신촌캠퍼스)	실내건축학과
	연세대학교(신촌캠퍼스)	건축학(5년제)
	이화여자대학교	건축학전공
	이화여자대학교	건축학전공(5년제)
	이화여자대학교	건축학부
	중앙대학교(서울캠퍼스)	건축학부(건축학전공)
	중앙대학교(서울캠퍼스)	건축학부
	한국예술종합학교	건축과
	한양대학교(서울캠퍼스)	건축학부
	한양사이버대학교	건축공간디자인학과

지역	대학명	학과명
서울특별시	홍익대학교(서울캠퍼스)	건축학부 실내건축학전공
	홍익대학교(서울캠퍼스)	건축학부 건축학전공(5년제)
	홍익대학교(서울캠퍼스)	건축학과
	홍익대학교(서울캠퍼스)	건축학부
부산광역시	경성대학교	건축디자인학부
	경성대학교	실내건축디자인학전공
	경성대학교	건축일반전공
	경성대학교	건축학과
	경성대학교	건축학부
	경성대학교	건축설계전공
	경성대학교	건축학전공
	동명대학교	건축학과
	동명대학교	실내건축학과
	동서대학교	스페이스디자인학전공
	동서대학교	건축설계학전공
	동서대학교	건축학과
	동아대학교(승학캠퍼스)	건축학과(5년제)
	동아대학교(승학캠퍼스)	건축학과
	동아대학교(승학캠퍼스)	건축학전공(5년제)
	동아대학교(승학캠퍼스)	건축학과 실내건축디자인전공
	동아대학교(승학캠퍼스)	인간환경융합공학부
	동아대학교(승학캠퍼스)	건축학과(5년제)
	동아대학교(승학캠퍼스)	건축학과 건축학전공(5년제)
	동의대학교	건축학과
	동의대학교	건축학전공
	부경대학교	건축학과
	부산대학교	건축학부
	부산대학교	주거환경학과
	부산대학교	건축학전공
	부산대학교	건축학과
	부산대학교	산업건축학과
	부산대학교	건설융합학부 건축학전공
	부산대학교	건설융합학부
	신라대학교	건축학전공(5년제)
	신라대학교	건축학전공
	신라대학교	건축학전공(5년제)
	신라대학교	건축학부
	한국해양대학교	해양공간건축학부
	한국해양대학교	해양공간건축학과

지역	대학명	학과명
인천광역시	인천대학교	도시건축학부
인천광역시	인천대학교	건축학전공
인천광역시	인천대학교	도시건축학전공
인천광역시	인하대학교	건축학부
인천광역시	인하대학교	건축학전공
대전광역시	건양대학교(메디컬캠퍼스)	건축학과
대전광역시	건양대학교(메디컬캠퍼스)	의료건축디자인공학과
대전광역시	대전대학교	건축학과(5년제)
대전광역시	목원대학교	건축학부
대전광역시	목원대학교	건축학부 건축학전공(5년제)
대전광역시	배재대학교	실내건축학전공
대전광역시	배재대학교	건축학부
대전광역시	배재대학교	건축학전공
대전광역시	충남대학교	건축학과(5년제)
대전광역시	한남대학교	건축학과(5년제)
대전광역시	한남대학교	건축학부
대전광역시	한남대학교	건축학전공
대전광역시	한밭대학교	건축학과(5년제)
대전광역시	한밭대학교	건축학과(5년제)
대구광역시	경북대학교	건축도시환경공학부 건축디자인전공
대구광역시	경북대학교	건축학부(건축학전공)
대구광역시	경북대학교	건축토목공학부(건축학전공)
대구광역시	계명대학교	전통건축학과
대구광역시	계명대학교	건축학전공
울산광역시	울산대학교	건축학부
울산광역시	울산대학교	건축학전공
울산광역시	울산대학교	주거환경학전공
광주광역시	광주대학교	건축학부
광주광역시	광주대학교	건축학과
광주광역시	전남대학교(광주캠퍼스)	건축학전공(5년제)
광주광역시	전남대학교(광주캠퍼스)	건축도시설계전공(5년제)
광주광역시	전남대학교(광주캠퍼스)	건축학부
광주광역시	조선대학교	건축학부
광주광역시	조선대학교	건축학부 건축학전공(5년제)
광주광역시	조선대학교	건축학과(5년제)
광주광역시	호남대학교	건축학과
경기도	가천대학교(글로벌캠퍼스)	건축학전공
경기도	가천대학교(글로벌캠퍼스)	건축학부
경기도	가천대학교(글로벌캠퍼스)	실내건축학과

지역	대학명	학과명
경기도	가천대학교(글로벌캠퍼스)	건축학과
	가천대학교(글로벌캠퍼스)	실내건축학전공
	경기대학교	건축학과
	단국대학교(죽전캠퍼스)	건축학과
	단국대학교(죽전캠퍼스)	건축대학
	단국대학교(죽전캠퍼스)	건축학부
	단국대학교(죽전캠퍼스)	건축학부 건축학전공
	명지대학교(자연캠퍼스)	건축학부 건축학전공(5년제)
	명지대학교(자연캠퍼스)	건축학부 공간디자인전공(5년제)
	명지대학교(자연캠퍼스)	건축학부 전통건축전공(5년제)
	명지대학교(자연캠퍼스)	건축학부
	수원대학교	건축학
	수원대학교	건축도시부동산학부
	아주대학교	건축학과
	중앙대학교(안성캠퍼스)	주거환경학과
	한경대학교	생태주거디자인학과
	한경대학교	디자인건축융합학부
	한경대학교	건축학부
	한경대학교	건축학전공
	한양대학교(ERICA캠퍼스)	건축학부
	한양대학교(ERICA캠퍼스)	건축학전공
	한양대학교(ERICA캠퍼스)	스마트융합공학부 건축IT융합전공
강원도	가톨릭관동대학교	건축학전공
	가톨릭관동대학교	건축학부
	가톨릭관동대학교	건축학과(5년제)
	강원대학교(삼척캠퍼스)	건축디자인학과
	강원대학교	건축학전공(5년제)
	강원대학교(삼척캠퍼스)	건축학과
	강원대학교(삼척캠퍼스)	건축학과(5년제)
	강원대학교	건축학부
	강원대학교(삼척캠퍼스)	건설융합학부 건축학전공
	강원대학교(삼척캠퍼스)	건설융합학부
	강원대학교(삼척캠퍼스)	해양건설시스템공학과
	강원대학교(삼척캠퍼스)	건축학부
	강원대학교	건축학과(5년제)
	강원대학교	도시건축학부
	강원대학교	건축조경학부
	강원대학교	건축학전공
	경동대학교	건축디자인학과

지역	대학명	학과명
강원도	경동대학교	건축융복합학과
	한라대학교	건축학부
	한라대학교	건축설계학전공
	한라대학교	건축학과
충청북도	서원대학교	건축학전공
	서원대학교	건축학과
	청주대학교	건축학 · 건축공학전공
	청주대학교	건축학과(5년제)
	청주대학교	건축학프로그램(5년제)
	충북대학교	건축학과
	충북대학교	주거환경학과
	한국교통대학교	건축학부
	한국교통대학교	건축학전공
	한국교통대학교	건축학과
충청남도	공주대학교	건축학부 건축학전공
	공주대학교	건축학부
	남서울대학교	건축학과(5년제)
	상명대학교(천안캠퍼스)	스페이스디자인전공
	선문대학교	건축학과
	선문대학교	건축학부
	선문대학교	건축사회환경공학부
	순천향대학교	건축학과
	순천향대학교	건축학과(5년제)
	중부대학교	건축학과
	중부대학교	건축디자인학과
	중부대학교	건축학전공
	한국기술교육대학교	디자인 · 건축공학부
	한국전통문화대학교	전통건축학과
	한서대학교	공항건축전공
	한서대학교	건축학과
	호서대학교	건축학과(5년제)
	호서대학교	건축학과
	호서대학교	건축학전공
전라북도	군산대학교	사회환경디자인공학부(건축전공)
	군산대학교	사회환경디자인공학부 (주거및실내계획전공)
	군산대학교	해양건설공학과
	군산대학교	주거및실내계획학과
	군산대학교	공간디자인융합기술학과

지역	대학명	학과명
전라북도	우석대학교	건축학과
	우석대학교	건축 · 인테리어디자인학과
	원광대학교	건축학부
	원광대학교	건축학과
	전북대학교	건축학과(5년제)
	전북대학교	주거환경학과
	전북대학교	건축도시공학부/건축학전공(5년제)
	전주대학교	건축학과
	호원대학교	건축학과
전라남도	목포대학교	건축학과
	목포해양대학교	해양 · 플랜트건설공학과
	목포해양대학교	해양건설공학과
	순천대학교	건축학부
	전남대학교(여수캠퍼스)	건축학부
	전남대학교(여수캠퍼스)	건축학과
	전남대학교(여수캠퍼스)	건축디자인학과
	초당대학교	건축학과
경상북도	경운대학교	건축학과
	경일대학교	건축학부
	경일대학교	건축학과
	경일대학교	건축학부 건축학전공(5년제)
	경일대학교	건축학부 건축학전공
	경주대학교	전통건축학과
	경주대학교	건축학전공
	경주대학교	건축학부
	경주대학교	건축학과
	금오공과대학교	건축학부
	금오공과대학교	건축학전공(5년제)
	대구가톨릭대학교(효성캠퍼스)	건축학부
	대구가톨릭대학교(효성캠퍼스)	건축학과
	대구가톨릭대학교(효성캠퍼스)	건축학전공
	대구한의대학교(삼성캠퍼스)	실내건축학과
	대구한의대학교(삼성캠퍼스)	건축학전공
	대구한의대학교(삼성캠퍼스)	친환경건축학전공
	대구한의대학교(삼성캠퍼스)	건축디자인학부
	대구한의대학교(삼성캠퍼스)	건축 · 토목설계학부
	대구한의대학교(삼성캠퍼스)	건축학부
	대구한의대학교(삼성캠퍼스)	건설 · 건축디자인학부
	동양대학교	건축학부

지역	대학명	학과명
경상북도	동양대학교	건축실내학과
	동양대학교	건축학과
	영남대학교	건축학전공
	영남대학교	건축학부
	영남대학교	건축디자인전공
경상남도	경남과학기술대학교	건축학과(5년제)
	경남대학교	건축학전공(5년제)
	경남대학교	건축학부
	경상국립대학교	건축학부
	경상국립대학교	건축학과
	영산대학교(양산캠퍼스)	건축플랜트학과
	인제대학교	건축학과
	인제대학교	실내건축학과
	창원대학교	건축학부
	창원대학교	건축학전공
	한국국제대학교	실내건축학과
제주특별자치도	제주국제대학교	건축디자인학과
	제주국제대학교	건축학과
	제주국제대학교	실내건축학과
	제주대학교	건축학전공
	제주대학교	건축학부
세종특별자치시	홍익대학교(세종캠퍼스)	건축공학부 건축디자인전공(5년제)
	홍익대학교(세종캠퍼스)	건축공학부 건축학전공(5년제)

건축공학과

학과 개요

우리가 매일 보는 수많은 건축물은 어떻게 만들어진 것일까요? 건축공학은 인간이 사용하는 다양한 용도의 건축물과 공간을 만들기 위해 필요한 공학적 분야, 사회적 분야 등을 종합하여 배우는 학과입니다. 건축공학과는 공학적 지식(건축구조 · 시공 · 환경 · 설비 · 재료)과 건축 공간의 계획을 위한 기본 지식(건축계획 · 설계)을 습득하게 됩니다. 여러 형태의 건축물을 만들기 위하여 필요한 공간구획과 설계, 건축재료 선택, 실제 시공에 이르는 복잡 다양한 업무를 포괄적으로 수행할 능력이 있는 건축 기술자와 전문가 양성에 목표를 두는 학과입니다.

학과 특성

건축공학은 우리 주변에서 흔히 볼 수 있는 주택 · 아파트, 학교, 사무실, 스포츠 경기장 등 여러 형태와 용도로 쓰인 하나의 건축물이 만들어지기까지 필요한 기술과 방법을 배우는 학문이라 볼 수 있습니다. 최근에는 건축과 관련된 경제, 경영, 건설IT 등 융복합 내용까지 다루고 있습니다. 이에 반해 건축학과는 공학적 지식과 함께 인간의 문화와 역사, 예술사와 철학 등을 포함한 문화 · 사회적인 분야까지 더욱 포괄적으로 배우는 것이 다른 점이라 할 수 있습니다.

흥미와 적성

평소 주변에서 흔히 볼 수 있는 다양한 건축물에 관해 관심이 있다거나, 사진 또는 그림 그리기를 좋아하는 경우 건축계획과 건축설계 과목을 배우는 데 도움이 됩니다. 건축공학은 구조역학, 재료공학, 각종 시험 등 수학 및 물리적인 지식을 많이 요구하는데 학교에서 수학이나 물리, 화학 등의 과목을 잘하면 도움이 됩니다. 건축설계나 구조분석 등을 위해 Auto CAD, 3D Max, 스케치업, 레빗 등과 같은 PC용 전문 프로그램을 많이 사용하기에 평소 PC 사용에 익숙하고 새로운 프로그램을 이용하는 것에 두려움이 없으면 도움이 됩니다.

개설대학

지역	대학명	학과명
서울특별시	건국대학교(서울캠퍼스)	건축공학전공
	경희대학교(본교-서울캠퍼스)	건축공학과
	고려대학교	건축공학과 건축공학전공
	고려대학교	건축공학과
	고려대학교	건축 · 사회환경공학부
	고려대학교	건축사회환경시스템공학부
	고려대학교	건축 · 사회환경공학과
	광운대학교	건축공학과
	국민대학교	건축시스템전공
	동국대학교(서울캠퍼스)	건축공학과
	동국대학교(서울캠퍼스)	건축공학전공
	동국대학교(서울캠퍼스)	건축공학부
	서울과학기술대학교	건축학부건축공학전공
	서울과학기술대학교	융합공학부(건설환경융합전공)
	서울과학기술대학교	건축기계설비공학과
	서울과학기술대학교	건축산업학과
	서울과학기술대학교	건축환경설비공학과
	서울대학교	건축학과(건축공학전공)
	서울시립대학교	건축학부 건축공학전공

지역	대학명	학과명
서울특별시	성균관대학교	건축토목공학부
	성균관대학교	건축공학과
	세종대학교	건축공학부
	세종대학교	건축공학전공
	숭실대학교	건축학부 건축공학전공
	연세대학교(신촌캠퍼스)	건축공학과
	연세대학교(신촌캠퍼스)	건축공학(4년제)
	이화여자대학교	건축공학전공
	이화여자대학교	건축도시시스템공학전공
	중앙대학교(서울캠퍼스)	건축학부(건축공학전공)
	한양대학교(서울캠퍼스)	건축공학부
부산광역시	동명대학교	건축공학과 건축기술전공
	동명대학교	건축공학과 건설기술전공
	동명대학교	건축공학과
	동명대학교	건축공학과 시설물유지관리전공
	동서대학교	건축공학과
	동서대학교	건축토목공학부
	동서대학교	건축공학전공
	동아대학교(승학캠퍼스)	건축공학전공
	동아대학교(승학캠퍼스)	건축공학과
	동아대학교(승학캠퍼스)	인간환경융합공학부 건축공학과
	동의대학교	건축공학 · 빌딩시스템공학부
	동의대학교	건축설비공학과
	동의대학교	건축공학과
	동의대학교	건설공학부
	동의대학교	건축공학전공
	부경대학교	건축공학과
	부산대학교	건축공학과
	부산대학교	건축공학전공
	부산대학교	건설융합학부 건축공학전공
	신라대학교	건축공학전공
	한국해양대학교	건설공학과
인천광역시	인천대학교	건축공학전공
	인천대학교	건축공학과
	인하대학교	건축공학전공
	인하대학교	건설공학부
대전광역시	LH토지주택대학교	건설기술학
	대전대학교	건축공학과
	대전대학교	건축·토목학부

지역	대학명	학과명
대전광역시	목원대학교	건축학부 건축공학전공
	우송대학교(본교)	건축공학과
	충남대학교	건축공학과
	한남대학교	건축·토목공학과
	한남대학교	건축공학전공
	한밭대학교	설비공학과
	한밭대학교	건축공학과
	한밭대학교	융합건설시스템학과
대구광역시	경북대학교	건설방재공학부 건설방재공학전공
	경북대학교	건축 · 토목공학부 건축공학전공
	경북대학교	건축공학과
	경북대학교	건축도시환경공학부(건축시스템공학전공, 건축디자인전공, 도시환경공학전공)
	경북대학교	건축학부(건축공학전공)
	경북대학교	건설방재공학부 건설환경공학전공
	경북대학교	건설방재공학부
	경북대학교	건축도시환경공학부 건축시스템공학전공
	계명대학교	건축공학전공
울산광역시	울산대학교	건축공학전공
	울산대학교	건축공학부
광주광역시	광주대학교	건축공학과
	송원대학교	건축공학과
	전남대학교(광주캠퍼스)	건축공학전공
	조선대학교	건축공학과
	조선대학교	건축학부(건축공학)
경기도	가천대학교(글로벌캠퍼스)	설비플랜트·소방방재공학과
	가천대학교(글로벌캠퍼스)	건축설비공학과
	가천대학교(글로벌캠퍼스)	설비·소방공학과
	가천대학교(글로벌캠퍼스)	건축공학전공
	가천대학교(글로벌캠퍼스)	건축공학과
	강남대학교	부동산건설학부
	강남대학교	건축공학과
	경기대학교	건축공학과
	경기대학교	플랜트 · 건축공학과
	경기대학교	건축안전공학과
	단국대학교(죽전캠퍼스)	건축공학과
	단국대학교(죽전캠퍼스)	건축학부 건축공학전공
	대진대학교	휴먼건축공학부
	수원대학교	건축공학과

지역	대학명	학과명
경기도	수원대학교	건축도시학부
	한경대학교	건축공학전공
	한양대학교(ERICA캠퍼스)	건축공학전공
	협성대학교	건축공학과
강원도	가톨릭관동대학교	건축공학과
	가톨릭관동대학교	건축공학전공
	가톨릭관동대학교	플랜트건설공학전공
	강원대학교(삼척캠퍼스)	건축시스템공학과
	강원대학교(삼척캠퍼스)	건설융합학부 건축공학전공
	강원대학교	건축공학전공
	강원대학교	건축공학과
	강원대학교(삼척캠퍼스)	건설공학부
	강원대학교	건축·토목·환경공학부
	강원대학교(삼척캠퍼스)	건축공학전공
	강원대학교(삼척캠퍼스)	건설방재공학과
	강원대학교(삼척캠퍼스)	건축공학과
	경동대학교(메디컬캠퍼스)	건축공학과
	경동대학교(메디컬캠퍼스)	건축토목공학부
	경동대학교	건축공학과
	상지대학교	건설공학군 자원공학과
	상지대학교	스마트건설공학과
	한라대학교	건축공학전공
충청북도	세명대학교	건축공학과
	유원대학교	건축공학과
	청주대학교	건축공학과
	청주대학교	건축공학프로그램
	충북대학교	건축공학과
	한국교통대학교	건축공학전공
	한국교통대학교	건축공학과
충청남도	공주대학교	건축학부 건축공학전공
	남서울대학교	건축공학과
	선문대학교	건축사회환경학부
	중부대학교	건축공학과
	중부대학교	건축토목공학부
	청운대학교	건축공학과(건축공학전공)
	청운대학교	건축시스템공학과
	청운대학교	건축공학과
	한국기술교육대학교	건축공학과
	한국기술교육대학교	건축공학부

지역	대학명	학과명
충청남도	한서대학교	건축공학과
	호서대학교	건축공학과
	호서대학교	건축공학전공
	호서대학교	건축토목환경공학부
	호서대학교	건축토목공학부
전라북도	군산대학교	건축 · 해양건설융합공학부
	군산대학교	건축공학과
	원광대학교	건축공학과
	전북대학교	건축학부(건축공학)
	전북대학교	건축공학과
	전북대학교	건축도시공학부(건축공학전공)
	전북대학교	건축도시공학부
	전주대학교	건축공학과
	호원대학교	건축공학과
전라남도	동신대학교	건축공학과
	목포대학교	건축공학과
	목포대학교	건축토목공학과 건축공학트랙
	목포대학교	건축 · 토목공학과(건축공학심화트랙)
	목포대학교	건축토목공학과(건축공학심화트랙)
	목포대학교	건축토목공학과
	목포대학교	건축·토목공학과
	초당대학교	건축토목공학부
	한려대학교	건설방재공학과
경상북도	경일대학교	건축공학과
	경일대학교	건설공학부
	경일대학교	건축학부 건축공학전공
	경주대학교	건축공학전공
	경주대학교	건축 · 토목학과
	금오공과대학교	건축공학전공
	대구가톨릭대학교(효성캠퍼스)	건축공학전공
	대구가톨릭대학교(효성캠퍼스)	건축공학과
	대구대학교(경산캠퍼스)	건축공학과
	대구한의대학교(삼성캠퍼스)	리조트개발학과
	대구한의대학교(삼성캠퍼스)	건축 · 건설시스템공학부
	대구한의대학교(삼성캠퍼스)	건축공학전공
	동양대학교	건축공학과
	동양대학교	인테리어리모델링학과
	안동대학교	건축공학과
	안동대학교	토목환경건축공학과군

지역	대학명	학과명
경상북도	영남대학교	건축공학전공
	영남사이버대학교	건설관리학과
경상남도	경남과학기술대학교	건축공학과
	경남대학교	건축공학전공
	경상국립대학교	건축도시토목공학부
	경상국립대학교	건축공학과
	경상국립대학교	건축도시토목공학부(건축공학전공)
	경상국립대학교	건설공학부
	영산대학교(양산캠퍼스)	건축공학전공
	창신대학교	건설플랜트공학과
	창원대학교	건축공학전공
제주특별자치도	제주대학교	건축공학전공
	제주대학교	건축공학과
세종특별자치시	홍익대학교(세종캠퍼스)	건축공학과
	홍익대학교(세종캠퍼스)	건축공학부
	홍익대학교(세종캠퍼스)	건축공학부 건축공학전공

자료 : 커리어넷 학과정보

세계의 놀라운 현대 건축물

아부다비 페라리 월드

페라리 월드는 아부다비 야스 섬의 베이사이드 리조트 종합개발 사업의 일환으로 조성되어 2010년 오픈한 세계 최대 규모의 실내 테마파크이다. 삼각형의 붉은 지붕은 페라리 GT 카의 보디 측면에서 볼 수 있는 전통적인 이중 곡선을 모티브로 하고 있다. 한편 페라리 월드의 대표적인 놀이기구인 포뮬러 로싸는 최고 시속 240km에 달해 세계에서 가장 빠른 롤러코스터이기도 하다.

아부다비 캐피털 게이트 타워

캐피털 게이트 타워는 높이 160m 총 35층의 건축물로 아부다비의 랜드마크이다. 영국의 다국적 글로벌 설계그룹 RMJM이 설계한 현대식 피사의 사탑으로 불립니다. 실제로 캐피털 게이트는 서쪽으로 약 18도 기울어져 '피사의 사탑'보다 훨씬 기울어져 있다. 이 때문에 캐피털 게이트 타워는 '인간이 만든 세계에서 가장 기울어진 타워'라는 기록으로 기네스북에 등재되기도 했다. 이 건축물은 기울어진 힘을 보완하기 위해서 12층까지는 수직으로 세워졌으며 13층부터는 점차 3cm ~14cm씩 옆으로 뻗어 총 30~120cm정도 튀어나와 있다. 건물의 외관은 12,500개 이상의 유리가 728개의 다이아몬드 모양의 모듈을 형성하고 있다.

베이징 선라이즈 켐핀스키 호텔

2015년에 오픈한 선라이즈 켐핀스키 호텔은 베이징의 상징물이 된 건축물이다. 옌지 호숫가에 자리잡고 얀 마운틴 자락에 있는 이 호텔은 마치 떠오르는 태양을 닮았다고 해서 선라이즈 켐핀스키라고 이름 지어졌으며 밤에 호숫가에 비친 호텔의 야경은 가장 멋진 장면으로 손꼽힌다. 이 호텔은 10,000개의 유리 패널로 이루어진 유리 외벽으로 만들어져 호텔의 옥상에서는 하늘을, 중간층에서는 산맥 풍경을, 아래층에서는 호수 경치를 감상할 수 있다. 또한 중국 호텔 최초로 천연가스 난방 시스템을 구축해 친환경 호텔이다.

싱가포르 마리나 베이 샌즈

2010년에 개장한 마리나 베이 샌즈는 싱가포르 마리나 베이에 접한 종합 리조트 5성급 호텔이다. 라스베이거스의 카지노리조트 운영회사 라스베이거스 샌즈로부터 개발되었다. 설계는 모셰 사프디, 시공은 쌍용건설이 했다. 배 모양의 수영장을 머리에 얹은 200m 높이의 빌딩 세 개로 이루어져 있다. 호텔과 함께 프리미엄 쇼핑몰, 카지노, 컨벤션을 한 공간에서 즐길 수 있는 복합 리조트로 엑스포·컨벤션센터 규모는 축구장 16개 크기인 12만㎡에 달하고 4층에 있는 그랜드볼룸은 아시아에서 가장 큰 8000㎡로 1만1000명을 수용할 수 있다.

댄포스 유니버스 Cumulus 빌딩

댄포스 유니버스는 덴마크의 대표 기업, 덴포스 본부 옆 노르보그 농업지역에 위치한 과학 공원이다. 특히 2006년 추가로 설립한 Cumulus 빌딩은 J.Mayer가 설계한 독특한 건축물로 건물과 야외 풍경, 실내 전시장의 융합을 중요시하여 설계했다고 한다. 건물의 끝부분이 내부 전시장을 투영하도록 표현해 건축물과 공원 사이의 경계를 허물고 전체적인 실루엣이 건축물이 세워진 지형과 조화를 이뤄 마치 땅에서 솟아오른 듯한 느낌을 준다.

나고야 과학관 플라네타륨

나고야 과학박물관은 나고야의 시립과학관으로 2011년에 안쪽 지름이 35m에 달하는 세계 최대급 플라네타륨 돔 "NTP Planet"을 갖춘 종합과학관을 오픈했다. 돔의 둥근 형태를 강조한 외관 디자인과 영하 30도의 방에서 오로라 영상을 체험할 수 있는 장치, 그리고 높이 9m의 인공 회오리를 체험할 수 있는 장치 등 엔터테인먼트성이 풍부한 네 개의 대형 전시도 설치되어 있다. 또한 태양광 발전과 벽면 녹화, 지진 제어 구조, 엘리베이터 구조 등을 통해 건물 자체가 전시 장치의 역할을 하고 있다.

두바이 부르즈 알 아랍

부르즈 알-아랍은 해변에서 280m 떨어진 인공섬에 건축되었는데 기초는 암반 위에 지지되지 않고 230개의 40미터짜리 초장 콘크리트 파일들을 모래에 박아 넣어 파일 사이와 모래와의 마찰에 의해 지지되고 있다. 기초 위에 큰 돌들로 지면 층을 만들었는데 벌집 패턴의 지표층은 침식으로부터 건물 기초를 보호하는 역할을 한다.

외관은 강화 콘크리트 타워를 둘러싼 철골 외골격 타워로 아랍의 전통 선박 '다우'의 돛 모양을 모방하였다. V자 모양의 두 개의 날개가 거대한 돛대를 형성하며 양 날개 사이의 공간에 세계에서 가장 높고 거대한 아트리움이 자리하고 있다. 외관의 초현대식 건축디자인과 달리 내부객실은 동,서양의 호화로운 건축양식을 따랐는데 황금박과 30여 종의 대리석으로 거대한 실내면적을 치장하고 있다. 로비에는 있는 분수대는 '3차원 이슬람 별 패턴'을 형상화했으며 호텔의 레스토랑, 객실 사이 복도, 아트리움 천장 등지에서 널리 발견할 수 있는 아치모양은 아랍의 고전건축양식을 떠올리게 한다.

도쿄 스카이트리

도쿄 스카이트리는 2012년 일본 도쿄 스미다구에 세워진 세계에서 가장 높은 전파탑(634m)이다. 도쿄 중심부에 새로 지어진 높은 건물들로 인해 발생한 전파수신 장애를 해소하기 위해 다른 건물보다 월등히 높게 전파탑은 캐나다의 CN 타워와 중국의 광저우타워를 제치고 세계에서 가장 높은 자립식 전파탑이 되었다.

스카이트리에는 340m, 350m, 450m 총 세 곳에 전망대가 있고, 특히 450m에 위치한 유리 스카이워크는 관광객의 발길이 끊이지 않는 핫스팟이다. 나선형으로 되어 있는 전망대에서 낮에는 후지산의 전경을, 밤에는 도쿄의 야경을 바라보는 건 도쿄의 랜드마크가 되었다. 2개의 LED조명 패턴이 있는데 하늘색과 보라색이다.

베이징 국가대극원

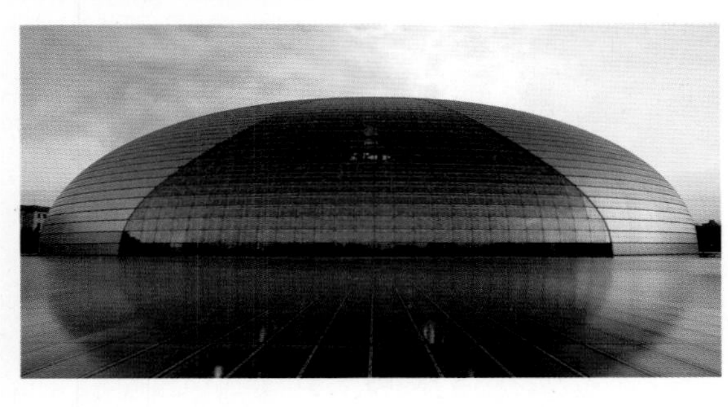

천안문과 자금성 옆에 위치한 국가대극원은 호주 시드니의 오페라 하우스처럼 베이징 문화공연을 상징하는 중국의 국립대극장이다. 인공 호수 내에 티타늄 금속 소재의 거대한 돔 모양으로 '국에 든 달걀'을 연상케 하여 '달걀'이라는 별명으로 불리기도 한다. 세계 최대 규모의 공연장인 국가대극원은 프랑스 건축가 폴 앙드레의 설계로 봉황이 알을 깨고 나온다는 설정으로 한화로 약 4,300억 원의 건축비용으로 6년이라는 기간 동안 준공되었다.

내부에는 50,000석의 관람석이 있는 홀과 오페라하우스, 중국 전통 연극인 경극 등을 공연하는 드라마센터, 콘서트홀이 있다. 국가대극원 공연 외에도 내부를 구경할 수 있으며, 출입구는 지하에 있기 때문에 인공 호수 아래를 통해 들어갈 수 있다. 밤에는 형형색색 변하는 조명 덕분에 호수 위에 떠 있는 국가대극원은 더욱 아름답게 빛을 발한다.

빌바오 구겐하임 미술관

스페인의 쇄락한 철강 공업도시 빌바오에 있는 구겐하임 미술관은 예술 건축물이 도시 재생에서 핵심적인 역할을 했다고 평가받으며, 이후 이와 같이 상징 문화시설을 통해 도시재생효과를 얻는 것을 빌바오 효과라 칭하게 되었다.

디자인을 중시하는 구겐하임 재단의 건축물답게 빌바오 구겐하임 미술관은 특유의 디자인으로 유명한데 외장재로 티타늄 60톤가량을 사용했다. 판의 각 두께는 0.3mm로 얇은 두께의 강판이 바람 방향에 따라 자연스럽게 움직이며 빛을 반사하며 다채로운 미술관의 모습을 연출한다. 주로 현대미술 작품이 많은데 1층 설치미술, 2층 조각, 3층 회화가 전시되며 3층에 특별전시관도 있다.

출처: 위키백과 / 나무위키 / 해당 건축물 홈페이지

건축물의 용도 구분과 건축물의 종류

건축물은 토지에 정착하는 공작물 주 지붕과 기둥 또는 벽이 있는 것과 이에 딸린 시설물을 말한다. 건축물의 용도란 [건축법]에서 건축물의 종류를 유사한 구조, 이용 목적 및 형태별로 묶어 분류한 것을 의미하며, 그러한 건축물의 이용 방법을 필요에 따라 바꾸어 사용하고자 하는 것을 용도변경이라고 한다.

[건축법시행령]은 건축물의 용도를 29가지로 분류하고 있다.

No.	용도 구분	건축물 종류
1	단독주택	단독주택, 다중주택, 다가구주택, 공관(公館)
2	공동주택	아파트. 연립주택, 다세대주택, 기숙사
3	제1종 근린생활시설	소매점, 휴게음식점, 제과점, 미용원, 세탁소, 의원, 체육도장, 공공업무 수행시설, 마을회관, 일반업무시설, 전기자동차 충전소
4	제2종 근린생활시설	공연장, 종교집회장, 자동차영업소, 서점, 총포판매소, 사진관, 표구점, 청소년게임제공업소, 휴게음식점, 제과점(300㎡이상), 일반음식점, 장의사, 동물병원, 동물위탁관리업, 학원, 독서실, 체육 활동 시설, 금융업소, 사무소, 다중생활시설, 제조업소, 수리점, 안마시술소, 단란주점, 노래연습장
5	문화 및 집회시설	제2종 근린생활시설에 해당하지 않는 공연장 및 집회장, 관람장, 전시장, 동식물원
6	종교시설	제2종 근린생활시설에 해당하지 않는 종교집회장
7	판매시설	도매시장, 소매시장, 상점
8	운수시설	여객자동차터미널, 철도시설, 공항시설, 항만시설
9	의료시설	병원, 격리병원
10	교육연구시설	제2종 근린생활시설에 해당하지 않은 학교, 교육원, 직업훈련소, 학원, 연구소, 도서관
11	노유자시설	아동 관련 시설, 노인복지시설, 사회복지시설, 근로복지시설
12	수련시설	생활권 수련시설, 자연권 수련시설, 유스호스텔
13	운동시설	체육관, 운동장, 근린생활시설에 해당하지 않는 탁구장, 체육도장 등 체육시설
14	업무시설	근린생활시설에 해당하지 않는 공공업무시설, 일반업무시설
15	숙박시설	일반숙박시설, 관광숙박시설, 다중생활시설

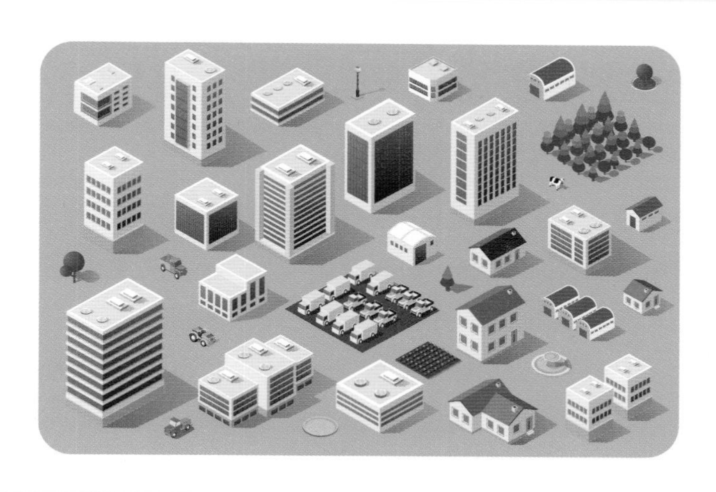

No.	용도 구분	건축물 종류
16	위락시설	제2종 근린생활시설에 해당하지 않는 단란주점, 유흥주점, 무도장, 카지노영업소
17	공장	근린생활시설, 자동차 관련 시설 등으로 분류되지 않는 물품 제조 가공에 이용되는 건축물
18	창고시설	창고, 하역장, 물류터미널, 집배송 시설
19	위험물 저장 및 처리 시설	주유소, 충전소, 위험물 제조소·저장소·취급소·판매소
20	자동차 관련 시설	주차장, 세차장, 폐차장, 검사장, 매매장, 정비공장, 운전학원 및 정비학원, 차고 및 주기장
21	동물 및 식물 관련 시설	축사, 가축시설, 도축장, 도계장, 작물 재배사, 종묘배양시설, 화초 및 분재 등의 온실
22	자원순환 관련 시설	하수 등 처리시설, 고물상, 폐기물재활용시설, 폐기물 처분시설, 폐기물감량화시설
23	교정 및 군사 시설	근린생활시설에 해당하지 않는 교정시설, 소년원, 국방군사시설
24	방송통신시설	근린생활시설에 해당하지 않는 방송국, 전신전화국, 촬영소, 통신용시설
25	발전시설	근린생활시설에 해당하지 않는 발전소
26	묘지 관련 시설	화장시설, 봉인당
27	관광 휴게시설	야외음악당, 야외극장, 어린이회관, 관망탑, 휴게소
28	장례시설	장례식장, 동물전용의 장례식장
29	야영장 시설	관광진흥법에 따른 야영장 시절

건축설계과정은 어떻게 되는가?

건축을 설계하는 것은 창작하는 것이다. 건축주로부터 설계의 조건을 의뢰받아 설계의 과정이 시작된다. 이러한 설계 업무는 일반적으로 설계를 수주하는 것으로부터 건축 현장의 공사 감리까지를 말한다.

건축설계 과정을 구분한다면 일반적으로 기획설계(pre-design), 계획설계(schematic design), 기본설계(drawing development), 실시설계(working drawing), 설계감리(construction supervision)로 나눌 수 있다.

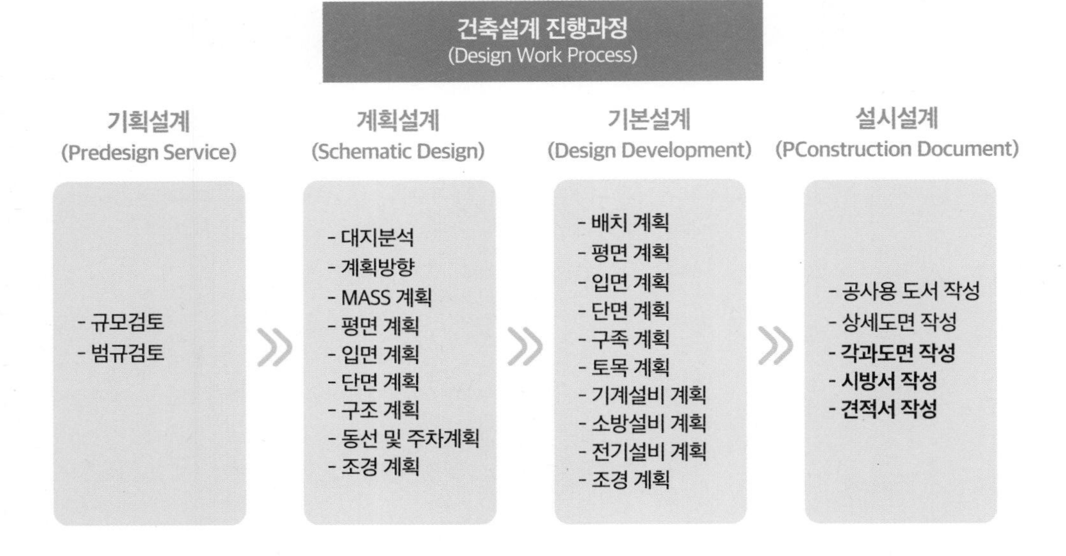

건축설계 진행과정
(Design Work Process)
기획설계
(Predesign Service)
- 규모검토
- 범규검토
계획설계
(Schematic Design)
- 대지분석
- 계획방향
- MASS 계획
- 평면 계획
- 입면 계획
- 단면 계획
- 구조 계획
- 동선 및 주차계획
- 조경 계획
기본설계
(Design Development)
- 배치 계획
- 평면 계획
- 입면 계획
- 단면 계획
- 구족 계획
- 토목 계획
- 기계설비 계획
- 소방설비 계획
- 전기설비 계획
- 조경 계획
설시설계
(PConstruction Document)
- 공사용 도서 작성
- 상세도면 작성
- 각과도면 작성
- 시방서 작성
- 견적서 작성

(1) 기획설계(pre-design): 기본 사항의 결정

건축주와 계약을 결정하고 도시와 단지를 포함한 건축대지에 관한 각종 자료를 기초로 하여 디자인을 위한 기본적인 정보들을 가늠할 수 있도록 도면을 작성한다. 일반적으로 지적도, 도시계획도, 측량도 등을 사용하지만 실제적인 건축대지의 현재 상황과는 다른 경우가 많으므로 반드시 현장조사를 하고 답사를 통한 주변 여건을 확인해야 한다. 건축에 관한 정보와 문헌 자료를 수집 정리한다.

(2) 계획설계(schematic design)

기획설계에서 결정된 개념들은 계획설계 단계에서 모두 도면화된다. 동시에 계획설계의 단계에서 건축주의 요구사항과 장래의 변화에 대처방안과 시공도면의 작성에 필요한 중요사항을 결정한다. 그러므로 계획설계 단계에서 작성되는 도면의 목적은 건축가의 디자인 의도와 개념을 정립한다. 건축주와 협의 사항을 충분히 반영하여 건축, 구조, 재료, 설비 등 총체적인 디자인 방침을 분명히 결정한다.

(3) 기본설계(drawing development)

기본설계는 계획설계를 더욱 발전시켜 심화하는 과정이다. 계획설계에 의하여 결정된 디자인은 건축주와 건축가 모두의 협의에 의하여 도출된 결과이므로 계획설계의 전반적인 정보는 기본설계의 바탕이 된다. 기본설계에 의한 도면들은 관련 행정 기관과 이해집단의 판단을 수렴한 것이다. 주어진 계획도면으로부터 구조계획과 설비계획을 진행한다. 기본설계에 의한 도면들은 구조부재들의 위치와 치수를 정확히 결정하고 표현한다. 기본설계에서 평면도는 일반적으로 1:100 축척으로 작성된다.

(4) 실시설계(working drawing)

실시설계는 건축물을 정확히 건설하기 위하여 모든 건축요소를 결정하여 도면으로 작성하는 과정이다. 그러므로 실시설계도면은 건축가의 계획과 함께 다양한 건축 관련 분야의 계획을 종합해야 한다. 구조, 설비, 냉난방, 배관, 방화계획 등을 건축도면에서 반영하여 조정한다. 실시도면은 계획 전체를 제시하는 도면과 각 부분의 상세도로 구분된다. 계획을 제시하는 도면은 1:50 축척으로 작성되며 상세도는 1:50 축척에서 1:1 축척으로 작성된다. 도면으로 표현하기 어려운 내용과 필요한 내용을 구체적으로 제시한 시방서, 구조계산서, 협력업체가 작성한 기타 관계 도서를 함께 작성한다.

(5) 설계감리(construction supervision)

실시설계가 완성되면 승인신청을 받기 위해 도면을 관계 관청에 제출하는 한편, 공사를 진행할 시공회사를 결정한다. 일반적으로 건축주나 설계자의 추천하는 회사의 입찰을 통해 결정한다. 공사계약에는 건축주, 설계자, 시공자가 함께 참여한다. 실시설계를 담당한 설계자가 그 건물의 공사감리를 하는 것이 일반적이며, 일정 규모 이상 혹은 현장과 떨어져 있으면 별도의 감리회사에 위탁하기도 한다. 설계감리는 실시 설계도를 바탕으로 시공도의 체크, 공정관리, 제품검사, 마감이나 색채의 결정, 적산서의 체크, 공사 각 단계에서 발생한 문제와 과정을 판단하여야 하므로 설계자의 경험과 역량이 필요하다.

출처: 네이버 지식백과

세계적인 스타 건축가

출처: 위키백과

해체주의 건축의 거장,

프랭크 게리(Frank Gehry)

프랭크 게리는 캐나다 출신의 건축가로 프리츠커 건축상(1989)을 수상했으며 해체주의 건축을 대표하는 건축가이다.

스페인의 작은 도시 빌바오는 철광석이 풍부한 지역으로 공업이 발전한 도시였으나 점차 경쟁력을 상실하면서 몰락의 길을 걷고 있었다. 침체에 빠진 도시를 살리기 위해 공업도시 빌바오를 예술의 도시로 탈바꿈하기 위한 계획의 일환으로 '빌바오 구겐하임 미술관'이 건축되었다. 프랭크 게리의 이름을 알린 대표적인 건축물로 티타늄이라는 소재를 이용해 갑옷을 입은 것 같은 형태의 미술관이 완성되었다. 이 미술관은 건축계에 혁명을 불러일으키고 매년 100만 명의 관광객이 방문한다. 건축물이 도시를 살리는 사례를 보여주었다.

건축물이 설계적 문제를 무시하고 독특하게 뒤틀린 외관에만 집착했다는 비판도 있으나 그의 건축적 영향력과 해체주의 건축론은 지속되고 있다. 옥상의 광활한 녹지가 인상 깊은 '페이스북 신축 본사'와 전통 동래학춤에서 영감을 받아 서울에 건축한 '루이비통 메종 서울(2019)'이 그의 작품이다.

물과 빛 자연의 조화,

안도 다다오(Tadao Ando)

안도 다다오(Tadao Ando)는 일본의 세계적인 건축가이다. 그는 건축가가 되기 전에 트럭 운전사와 권투선수로 일했고, 건축에 대해서 전문적인 교육을 받은 일이 없이 독학으로 건축을 배웠다는 사실이 놀랍다. 1995년에는 프리츠커 건축상(1995)을 수상했다.

그의 건축은 자연과의 조화가 두드러진다. 물과 빛, 그리고 바람, 나무, 하늘 등 자연적인 요소가 건축물과 긴밀하게 결합하고 있다. 또한 투명한 소재인 유리와 노출 콘크리트를 많이 사용함으로써 간결하고 단순하지만 차갑지 않은 느낌을 받게 하고, 자연에 더 가까이 다가갈 수 있게 한다. 자연과의 조화가 잘 나타난 건축물로는 빛의 교회, 물의 교회, 물의 절 등이 있다. 또한 제주도 섭지코지의 지니어스 로사이, 글라스 하우스 등이 그의 작품이다.

▶ 루이비통 서울 메종 - 프랭크 게리

▶ 지니어스 로사이 - 안도 다다오

▶ 애플사옥 - 노먼 포스터

애플이 인정한 건축가, 노먼 포스터(Norman Foster)

노먼 포스터는 영국을 대표하는 세계적인 건축가이다. 맨체스터대학교 건축&도시설계 학부를 졸업하고 예일대학교에서 석사과정을 밟았다.

1963년 노먼 포스터는 건축설계팀 'Team 4'를 결성하였다. 그가 선보인 하이테크 산업디자인은 순식간에 큰 명성을 얻었다. 1967년 노먼 포스터는 아내와 함께 현재의 건축설계회사 'Foster and Partners'를 설립해 친환경적 디자인 건축물들을 만들었다.

런던의 초고층 건물인 런던 밀레니엄타워를 설계했는데 이 건물은 오이를 닮은 모양으로 유명하다. 또한 복잡한 컴퓨터 시스템을 이용한 설계와 함께 친환경적인 건물로 널리 알려져 있다. 애플의 신사옥 역시 노먼 포스터가 담당하였다. 애플의 스티브 잡스가 직접 사옥 설계를 의뢰했다는 점은 디자인으로 승부를 걸어온 '애플이 선택한 건축가'는 명성까지 얻게 된 셈이다. 아부다비 자이드 박물관, 뉴멕시코의 아메리카 우주공항, 모스크바 크리스털 아일랜드 등 국제적인 설계을 맡았다. 그 외 한국 내 유명 작품으로 한국타이어의 테크노돔이 있다.

스위스 듀오 건축가,

자크 헤르초크 & 피에르 드 뫼롱
(Jacques Herzog & Pierre De Meuron)

헤어초크 & 드 뫼롱은 스위스 바젤에 1978년에 건축사무소를 설립했다. 공동 창립자인 자크 헤어초크와 피에르 드 뫼롱은 취리히 연방공과대학교를 함께 다닌 동창생이었다. 런던의 옛 발전소 건물을 새로운 현대미술관으로 개조한 것으로 잘 알려져 있다. 헤어초크와 드 뫼롱은 프리츠커 상(2001)을 받았다. 그들은 실크스크린 유리와 같은 혁신적인 건축 외부 재료를 사용함으로써 모더니즘의 전통을 물질적 간결함으로 정제했다는 평가를 받았다.

그들은 초기 직사각형 형태의 순수한 단순성에서 좀 더 복잡하고 동적인 형상으로 전체적으로 진보했다. 주요 작품으로는 독일 월드컵 주경기장 '알리안츠 아레나' 를 비롯해 프라다 도쿄, 바르셀로나 포럼 빌딩, 2008년 북경올림픽 주경기장이었던 베이징 국가체육장 등이 있다.

세계적 여성 건축가,

자하 하디드 (Zaha Hadid)

자하 하디드는 이라크 바그다드에서 태어나 미국에서 수학을 전공하고 영국 건축협회 건축학교에 다녔다. 졸업 후 스승이었던 렘 콜하스 밑에서 일하다가 1980년에는 런던에 독립 건축사무소를 차렸다. 하버드 디자인대학원, 일리노이 대학교 시카고 건축학부, 빈 응용예술대학 등 다양한 곳에서 건축학을 가르쳤다.

자하 하디드는 싱가포르의 원노스 비즈니스 파크 개발계획 국제 공모를 비롯해 여러 국제 건축 공모에 입상하면서 건축 이론적으로 영향력 있는 인물이 되었다. 기존에 존재하지 않았던 특이한 건물을 짓는 것으로 잘 알려져 있는데, 홍콩의 픽 클럽, 웨일스의 카디프 베이 오페라 하우스가 좋은 예다. 그녀는 프리츠커상(2004)을 받은 최초의 여성 건축가가 되었다. 2007년 동대문운동장 터에 조성된 동대문 디자인 플라자의 지명 초청 설계에서 '환유의 풍경 (Metonymic Landscape)'이라는 이름으로 당선되었는데 그녀가 디자인한 동대문 디자인 플라자(DDP)는 2014년에 개관하였다.

※ 프리츠커 건축상

프리츠커 건축상(Pritzker Architecture Prize)은 매년 하얏트 재단이 '건축예술을 통해 재능과 비전, 헌신을 보여주며 건축 환경에 일관적이고 중요한 기여를 한 생존한 건축가'에게 수여하는 상이다. 1979년 제이 프리츠커(Jay A. Pritzker)가 만들고 프리츠커 가문이 운영하는 이 상은 건축계의 노벨상이라 불릴 만큼 현재 세계 최고의 건축상이다. 10만 달러의 상금과 표창장, 청동메달이 주어진다.

빛의 장인,

장 누벨 (Jean Nouvel)

장 누벨은 프랑스를 대표하는 세계적인 건축가이다. 1966년 프랑스 국립예술원에 수석으로 입학해 졸업도 하기 전에 사무소를 설립해 프랑스 건축가 운동을 주도했다. 1980년대 젊은 나이에 이미 현대 건축의 거장으로 불렸다. 파리의 '아랍문화관'을 설계하면서 전 세계적인 명성을 얻었다. 기계적인 조리개가 아랍의 전통적인 문양으로 디자인되어 외벽을 이루고 있는 독특한 모습으로 큰 관심을 얻었다. 또한, 빛에 따라 자동으로 조리개가 움직여 내부로 들어오는 빛을 조절하는 방식은 혁신적이라고 평가받았다. 대표적인 건축물로는 스페인 바르셀로나에 유선형 탄환 모양의 '아그바르 타워'를 비롯해 아부다비 루브르박물관 아부다비, 한국의 리움미술관 MUSEUM2 등이 있다.

▶ 알리안츠 아레나 - 자크 헤르초크 & 피에르 드 뫼롱

▶ 아그바르 타워 - 장 누엘

▶ 동대문디자인플라자 - 자하 하디드

찾아보고 싶은 한국의 건축가

출처: 위키백과/나무위키/교보문고/다음백과사전/한국민족문화대백과사전

김중업 (1922 ~ 1988)

김중업은 1952년 UNESCO 주최 제1회 세계예술가회의에 한국건축가 대표로 참석하였으며, 같은 해 파리에 있는 르 코르뷔지에(Le Corbusier) 건축사무소에서 건축 및 도시계획을 3년 넘게 교육받았다. 1956년 김중업건축연구소를 열고 본격적인 건축창작 활동을 하며, 한국의 고전을 현대감각으로 표현하는 작업에 몰두하면서 홍익대학에서 건축학을 가르치며 여러 차례 건축작품전을 열었다. 군사정권 시절, 서울이 당면한 도시계획·건축 등의 문제에 대한 정부시책을 과감하게 비판하다가 8년간 프랑스, 미국에서 추방생활을 했다. 1979년 귀국하여 별세할 때까지 많은 작품을 남겼는데 시정(詩情)이 흐르는 생략적이고 암시적인 방법으로 건축에 대한 정취를 표현하였다. 대표적인 건축물로는 「주한프랑스대사관」(1965) 설계와 「올림픽공원 평화의 문」(1988) 등이 있다.

▸ 아리움(초기 작품)

▸ 평화의 문

김수근 (1931 ~ 1986)

김수근은 대한민국의 건축가이자 교육자이며 월간잡지 「공간」의 발행인이기도 했고 예술가들의 후원자였다. 김중업과 함께 대한민국 현대 건축 1세대로 대표적 작품으로는 「국립부여박물관」(1967), 「공간사옥」(1977), 「마산성당」(1979) 등을 비롯해 서울올림픽대회 시설 및 국제건축작품들을 설계해 세계적인 건축가로서 부각되었으며 한국 건축사에서 중대한 영향을 끼친 것으로 평가된다. 그의 다방면에 걸친 한국문화에 대한 지원으로 인해, 그는 1977년 미국의 잡지 타임에서, 르네상스 시대의 예술 후원가인 '로렌초 데 메디치'로 비유되기도 하였다.

▶ 국립부여박물관

▶ 잠실올림픽종합운동장

정기용 (1945 ~ 2011)

1971년 서울대학교 미술대학 및 서울대학교 대학원 공예과를 졸업하고 1972년 프랑스 정부 초청 장학생으로 프랑스로 유학을 하러 갔다. 파리 장식미술학교 실내건축과와 파리 제6대학 건축과를 졸업하고 프랑스 정부공인 건축사 자격을 취득했다. 1982년 프랑스 제8대학 도시계획과를 졸업했다. 1975~85년 프랑스 파리에서 건축 및 인테리어 사무실을 운영했으며, 귀국한 뒤인 1986년에 기용건축을 설립했다. 전국에 10여 개의 어린이 전용도서관 「기적의 도서관」을 건축했다.

▶ 기적의 도서관(제주)

▶ 기적의 도서관(순천)

▶ 곤충박물관

이일훈 (1953 ~ 2021)

바깥에서 지내는 곳을 다채롭게 만들고, 공간을 큰 덩어리로 만들기보다 쪼개고 나누어 늘리면, 사람이 더 건강하게 살 수 있다는 '채나눔' 건축론을 폈다. 필력과 입담이 좋기로 유명해 건축계 안팎에서 자주 강연자로 초대되었다. 종교 건축물로 「자비의 침묵 수도원」, 「성 안드레아 병원 성당」, 「도피안사 향적당」이 있고, 지역성을 존중한 설계로 「기찻길 옆 공부방」과 「밝맑도서관」이 있다. 「우리 안의 미래 연수원」에서 친환경과 에너지 문제를 실험했고, 「가가불이」와 「소행주」에서는 도시의 다가구주택이 어떠해야 하는지를 이야기했다. 건축백서 <불편을 위하여> 등 다수의 저서가 있다.

▶ 기찻길 옆 공부방

▶ 숭의동성당(2021)

차운기 (1955 ~ 2001)

▶ 12주 건물

1955년 전라남도 광주에서 태어나 1982년 인하공전 건축과를 졸업했다. 김중업 건축연구소 등에서 실무를 배우고 1987년부터 아꼴건축연구소를 운영했다. '무규칙 토종 건축가'로 한국의 가우디라는 별명을 얻으며 자본과 영합한 포스트모더니즘의 산물인 국적 불명의 건축물들이 양산되던 한국 건축계에 새로운 건축개념을 던져놓고 요절한 건축가이다.

차운기의 건축은 그를 따라 한 유사 건축을 보았을 정도로 강한 스타일로 남아 있다. 둥근 곡면의 지붕에 깨진 옹기 조각을 덮은 이러한 스타일은 독창적으로 한국 전통을 현대적으로 재해석했다는 평가와 함께 개성이 너무 강하고 실용성 측면에서 찬반양론이 존재하지만, 소박함 속에 웅크리고 있는 자존심, 그리고 폐자재를 이용한 재활용 등에 공감하며 전국에 이를 따라 한 주택과 음식점이 우후죽순처럼 생기게 될 정도였다.

▶ 여수재건교회

▶ 택형이네 집

조성룡 (1944 ~)

조성룡은 한국의 현대 건축 20에 가장 많은 작품이 뽑힌 건축가이다. 두 번의 건축문화대상 대통령상, 서울시문화상, 김수근건축상 등을 수상했다. 현재 조성룡 도시건축의 대표이며 성균관대 초빙교수로 재직 중이다.

인하대학교 건축과를 졸업하고 공군 장교로 입대해 4년간 팬텀전투기 격납고 설계에 관여했으며 우일건축으로 입사해, 그 유명한 미스 반 데어 로에(1886-1969)의 유일한 한국인 제자 김종성을 만난다. 이렇게 미스 반 데어 로에-김종성-조성룡으로 인연이 이어지게 되었다. 10여 년간 민간교육단체인 서울건축학교 교장을 역임하기도 했다. 대표적인 작품은 잠실아시아선수촌아파트를 비롯해 선유도공원(2002), 어린이대공원 꿈마루(2011), 이응노의 집-생가 기념관(2011) 등이 있다.

▶ (위에서부터)지앤아트스페이스, 선유도, 의재미술관

유걸 (1940 ~)

유걸은 지난 40여 년간 미국과 한국에서 건축설계를 했다. 1998년부터 3년 연속 미국 건축사협회상을 수상하였다. 현재 아이아크건축가들의 공동대표이다. 그가 설계한 밀알학교는 KBS선정 한국 10대 건축물이며 미국 건축사협회상, 김수근 건축상 그리고 한국건축가협회상을 수상하였다. 서울특별시청 신청사를 설계한 그는 서울대학교를 졸업했고 미국 건축사(AIA)이다. 건국대학교 건축학과, 경희대학교 건축전문대학원, 경일대학교 건축학과 석좌교수를 역임하며 후학 양성에도 힘쓰고 있다.

▸ 다음커뮤니케이션 제주 사옥(2014)

▸ 밀알학교(1997)

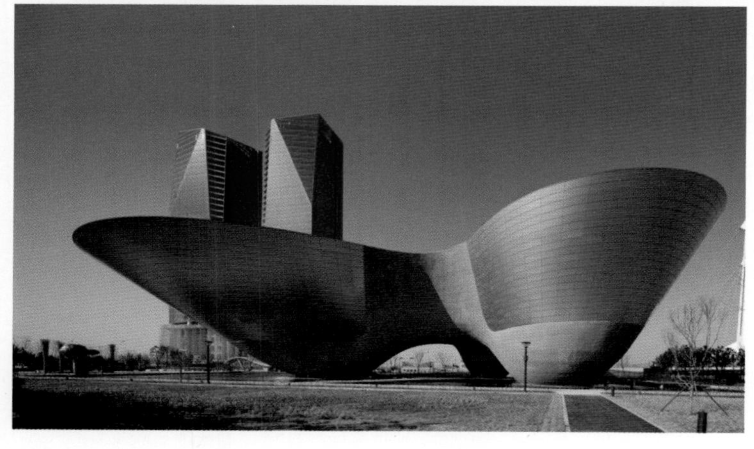

▸ 인천세계도시엑스포기념관(2010)

승효상 (1952 ~)

서울대학교를 졸업하고 비엔나 공과대학에서 수학했으며 김수근 문하를 거쳐 1989년 이로재(履露齋)를 개설했다. 한국의 새로운 건축교육을 모색하고자 '서울건축학교'를 설립하는 데 참가하기도 했다. <보이지 않는 건축, 움직이는 도시>(2016, 돌베개) 등 다수의 저서가 있다. 대표적인 건축물로는 유홍준의 자택 수졸당으로 이것은 그의 평생의 건축 철학이 되는 '빈자의 미학'을 구현한 첫 작품으로 꼽는데 이러한 철학을 바탕으로 노무현 전 대통령의 묘역을 설계/조성하기도 했다. 김수근문화상, 한국건축문화대상, 대한민국예술문화상 등 여러 건축상을 수상했으며 2011년 광주디자인비엔날레의 총감독과 서울시 초대총괄건축가, 국가건축정책위원회 위원장으로 활동했다.

▸ 소석원,노무현 대통령 묘역(2010)

▸ 수졸당(1992)

▸ 수눌당(2004)

가보고 싶은 건축박물관

■ 한국고건축박물관

국가무형문화재 74호 대목장 전흥수 선생은 가난 때문에 진학을 포기하고 18세 때 목공에 입문했다. 처음에는 목수인 부친 밑에서 심부름을 하다가, 곧 수덕사 도편수로 있던 고(故) 김중희 선생 문하에 들어가 체계적으로 일을 배웠다. 생계 때문에 시작한 일이지만, 차츰 전통을 지켜나간다는 자부심과 사명감이 가슴속에 자리 잡았다. 남다른 눈썰미와 손재주, 타고난 성실함으로 30대 젊은 나이에 주요 문화재와 사찰 공사를 맡아 전국을 누볐다. 그는 1998년 고향인 충남 예산에 한국고건축박물관을 열었다. 전 재산을 들여 지은 박물관에는 후손이 우리 건축의 가치와 의미를 이해하고 잘 보존했으면 하는 간절한 바람이 담겼다.

■ 미국 국립건축박물관

국립건축박물관은 건축 환경의 역사와 영향에 대한 미국의 선도적인 문화 기관이다. 건축, 엔지니어링 및 디자인을 통해 이를 수행한다. 워싱턴 DC에서 가장 가족 친화적이며 경외심을 불러일으키는 장소 중 하나다. 내셔널 몰 (National Mall)에서 불과 4블록 거리에 위치한 이 박물관은 급증하는 그레이트 홀 (Great Hall), 거대한 75피트 높이의 고린도(Corinthian) 기둥, 1,200피트의 테라 코타 프리즈 (terra cotta froze)가 있는 멋진 건물을 이용한다. 역사적으로 연금 건물로 알려진 워싱턴 DC의 국립건축박물관은 '건축, 디자인, 엔지니어링, 건설 및 도시계획'의 박물관이다.

■ 콜로니얼 건축박물관

콜로니얼 건축박물관은 쿠바 상크티스피리투스 주의 관광도시 트리니다드에 있는 박물관이다. 트리니다는 도시 전체가 유네스코 세계 문화유산으로 지정돼 있을 정도로 의미 있는 곳이다. '콜로니얼 건축박물관'이라는 명칭엔 역사적 배경이 숨겨져 있다. 유럽 국가들이 식민지 시기에 집을 지을 때, 자국의 건축 양식을 기초로 하는 동시에 식민지 기후 및 현지 상황을 감안하여 약간의 변화를 주었다. 이를 '콜로니얼 건축양식'이라 부른다. 우리말로 식민지 건축양식이라는 의미다.

■ 캐나다 건축센터

캐나다 건축센터(CCA)는 1979년 필리스 램버트에 의해 설립되어 40년간 전시, 출판, 공공 프로그램, 작품 수집, 연구 및 큐레이터 프로그램 등을 진행해오며 끊임없이 건축 담론을 생산해 온 새로운 유형의 문화 기관으로 자리 잡았다. CCA는 건축이 공적 관심사라는 근본적인 전제로부터 운영된다. 개개인을 직접적으로 고무시키고, 사회에서 건축의 역할에 대한 대중적 인식을 높이며, 건축 담론에 기여와 연구를 장려하기 위해 태어났다. 1979년 이후 CCA는 사회에 영향을 끼치는 주요 문제들 속에서 건축의 역할을 탐구하기 위한 도구를 제공하고 있다.

■ 에도 도쿄건축박물관

도쿄 도심에서 쉽게 갈 수 있는 장소에 위치한 에도 도쿄건축박물관은 잘 알려지지 않은 일본의 문화를 소개하고 있다. 이 박물관은 1993년 에도 도쿄박물관의 분관으로 7헥타르가 넘는 부지 위에 건설되었다. 박물관으로서의 역사는 깊지 않지만, 이 건축박물관은 현지 보존이 불가능한 문화적 가치가 높은 역사적 건축물들을 이곳으로 이축하여 복원, 보존, 전시함으로써 귀중한 문화유산을 후대에 계승하고자 설립된 곳이다. 유적과 복원된 건조물 외에도 이 박물관에서는 전통적인 일본의 역사에 생명을 불어넣는 계절 이벤트가 개최된다.

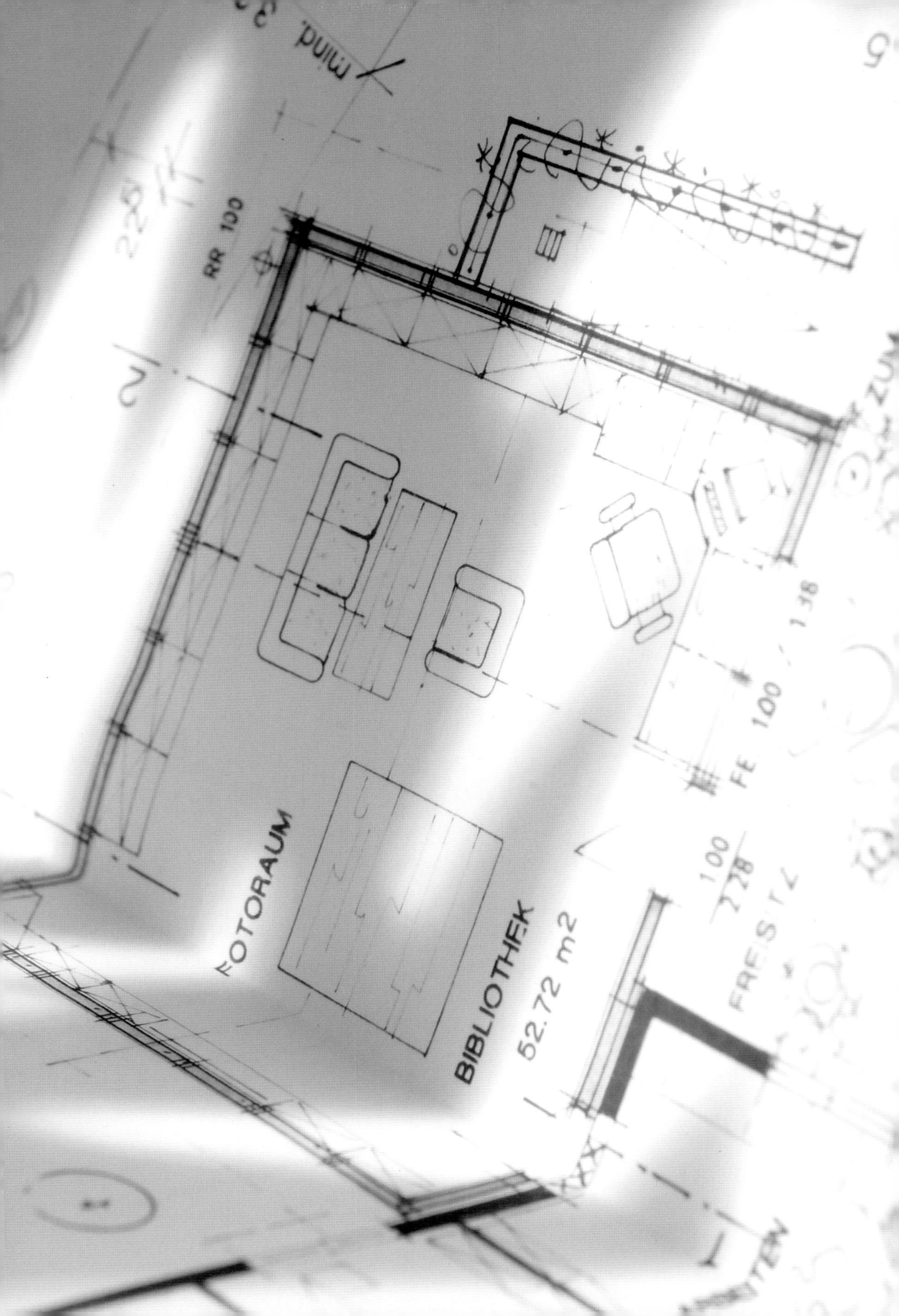
FOTORAUM
BIBLIOTHEK
52.72 m2
RR 100
FE 100

건축 관련 도서 및 영화

관련 도서

건축수업-건축물로 읽는 서양근대 건축사(김현섭,강태웅 공저/ 집)

이 책은 근대건축사의 출발점이자 영국 수공예운동의 요람인 필립 웨브와 윌리엄 모리스의 레드하우스가 계획되기 시작한 1859년에서부터 예술과 삶을 융합한 공간을 창조한 것으로 평가받는 알바르 알토의 빌라 마이레아가 완성된 1939년까지 80년의 건축 역사를 담았다. 서양 근대건축의 대표적 상징물로 여겨지는 발터 그로피우스의 바우하우스 신교사, 미스 반 데어 로에의 바르셀로나 독일관, 르코르뷔지에의 빌라 사보아를 포함해 아르누보, 기능주의, 이성주의, 표현주의, 국제주의 등 근대건축사의 주요 이슈들을 건축물을 통해 이야기한다.

BIM 건축혁명(야마나시 토모히코 저/ 기문당)

BIM(Building Information Modeling)은 단순한 3차원 모델링이 아닌 객체에 정보를 담아 설계하는 건축설계기법으로 기존의 설계기법이 가진 여러 가지 문제를 해결함은 물론이고 건축물의 라이프사이클까지 전체를 고려하여 사용할 수 있는 획기적인 건축 도구이다. 이 책은 저자가 지금까지 BIM을 활용해 프로젝트를 이끌어간 경험과 BIM에 관해 활동한 다양한 지식을 바탕으로 BIM의 기본부터 개혁 비전까지 그려 봄으로써 향후 건축계가 나아갈 다양한 가능성을 제시한 이론서이자 입문서이다.

어디서 살 것인가(유현준 저/ 을유문화사)

"어디서 살 것인가?" 보통 사람들에게는 내 집 하나 마련하는 것이 먼 일이 되고 있는 요즘, '어디서 살 것인가'라는 고민은 우리를 힘겹게 하는 질문일지도 모르겠다. 그러나 『어디서 살 것인가』는 어느 동네, 어느 아파트, 어떤 평수로 이사할 것이냐를 이야기하는 책이 아니다. 전작 『도시는 무엇으로 사는가』에서 도시와 우리의 모습에 "왜"라는 질문을 던졌던 저자는 이 책에서 "어디서", "어떻게"라는 질문을 던지며 우리가 앞으로 만들어나갈 도시를 이야기한다. 이 책에서 말하는 '어디서'는 '어떤 공간이 우리를 행복하게 만드는가'라는 자문의 의미를 담고 있다. 어떤 브랜드의 아파트냐가 아닌, 어떤 공간이 우리 삶을 더 풍요롭게 하는가가 중요하다는 것이다. 우리가 차를 선택할 때 외관 디자인이나 브랜드보다 더 중요하게 생각해야 하는 것이 그 자동차를 누구와 함께 타고 어디에 가느냐이듯이 우리가 사는 곳도 마찬가지다. 이 책은 우리가 서로 얼굴을 맞대고 대화하며 서로의 색깔을 나눌 수 있는 곳, 우리가 원하는 삶의 방향에 부합하는 도시로의 변화를 이야기한다. 변화는 당연히 어렵고 시간도 걸리는 일이지만 우리가 살 곳을 스스로 만들어 가자고 말이다.

건축, 모두의 미래를 짓다(김광현 저/ 21세기북스)

대한민국 최고의 명품 강의를 책으로 만난다! 현직 서울대 교수진의 강의를 엄선한 '서가명강(서울대 가지 않아도 들을 수 있는 명강의)' 시리즈의 열일곱 번째 책이 출간됐다. 역사, 철학, 과학, 의학, 예술 등 각 분야 최고의 서울대 교수진들의 명강의를 책으로 옮긴 서가명강 시리즈는 독자들에게 지식의 확장과 배움의 기쁨을 선사하고 있다.

『건축, 모두의 미래를 짓다』는 건축학도들의 큰 스승으로 우리나라 건축계를 오랫동안 이끌어온 서울대학교 건축학과 김광현 명예교수가 쓴 책으로, 건축의 지속적 가치와 궁극적인 본질을 찾기 위한 40여 년에 걸친 그의 치열한 성찰이 담긴 책이다. 특히 이 책에서는 '사회'를 직시할 때 비로소 건축의 미래가 달라질 수 있다고 강조하며, 건축 뒤에 숨어 건축을 조종하고 통제하는 '사회'의 면면을 파헤친다. 또 한나 아렌트부터 루이스 칸까지, 건축과 철학을 넘나들며 건축 본래의 목적인 '공동성' 회복을 위해 나아가야 할 방향을 제시한다.

김진애의 도시 이야기(김진애 저/ 다산초당)

우리 대부분은 도시에 살고 있지만, 우리에게 도시는 여전히 낯설다. 도시란 너무 크고 또 복잡해서 한눈에 포착이 잘 안 되기 때문이다. 괜히 어렵게 느껴지고, 나의 삶과 별 상관없는 것처럼 보이기도 한다. 이에 도시건축가 김진애는 '도시'를 '이야기'로써 접근하길 권한다. 소설이든 영화든 인간이 있고 욕망이 있으면 이야기는 절로 탄생하는데, 사실 도시야말로 수많은 다양한 인간과 욕망으로 가득한 공간이니까.

도시를 이야기로 삼는다고 해도 성능 좋은 안경이 없으면, 맨눈으로는 앞이 뿌옇고 흐리게만 보일 뿐이다. 그래서 이 책은 12가지 '도시적 콘셉트'를 독자에게 제시한다. 익명성, 권력과 권위, 기억, 예찬, 대비, 스토리텔링, 디코딩, 욕망, 부패에의 유혹, 현상과 구조, 돈과 표, 돌연변이와 진화라는 각각의 도시적 콘셉트를 통해 도시를 바라보면, 비로소 우리 삶을 둘러싼 도시 공간의 구조와 역동성이 훤히 눈에 보이기 시작한다. 도시 안에 있던 수많은 흥미로운 이야기가 피부에 직접 와닿으며, 더 많은 것을 보고 듣고 또 말하고 싶어진다.

세상을 바꾼 건축(서윤영 저/ 다른)

세계사 가로지르기' 시리즈 18권 [세상을 바꾼 건축]은 고대부터 현대까지 인류 역사에 등장한 동서양의 건축물을 살펴보며 건축물에 각 시대의 지배 논리가 어떻게 반영되어 왔는지 분석한다. 인류 역사를 고대, 로마 시대, 중세, 절대왕정 시대, 산업혁명 시대, 현대, 미래로 나누고 신, 왕, 황제, 성직자 등 권력의 주체에 따라 어떠한 건축 양식이 만들어지고 발달했는지 살펴본다. 피라미드, 콜로세움, 유럽의 성과 성당, 궁전, 백화점, 아파트, 고층 건물 등 인류 역사에 남은 기념비적인 건축물들의 등장 배경과 건축 양식의 발전 과정을 배울 수 있다.

미래를 여는 건축(안젤라 로이스턴 저/ 다섯수레)

폭설과 한파가 몰아친 지난 겨울. 유난히 눈이 많이 내리고 추웠던 이유 중 하나는 바로 지구 온난화! 이 책은 지구 온난화를 막기 위한 미래 건축의 방향을 제시한다. 우리가 사용하는 건물에서 에너지 손실은 어떻게, 얼마나 일어나고 있는지를 지적하고 전통적인 건축법의 적용이라던가, 태양열이나 바람 같은 재생 가능 에너지를 사용하는 법을 대안으로 내놓고 있다. 또한 건물뿐만이 아니라 건물 안에서 생활하는 사람들의 생활 방식 개선도 필요하다고 꼬집고 있어 우리 생활 전반에 걸친 노력이 필요하다고 말한다.

관련 영화

나의 호텔 순례기(2016년/ 81분)

감독 크리스티안 페트리는 여행의 정서와 방랑자들의 쉼터로서의 호텔에 매혹되어 이 여정을 시작했다. 그의 발길은 유럽의 오래된 호텔들부터 세계적으로 유명한 전설적인 호텔들을 거쳐 알려지지 않은 모더니스트들의 장소에까지 이른다. 호텔은 아랍의 사막에서 기원한 이래 지금껏 예술가, 사색가, 괴짜 백만장자 등 다양한 사람들을 끌어들이는 임시 거처였으며, 그 역사는 현대적인 삶의 발전사를 반영하는 풍부한 이야기를 담아낸다.

(2017년 제9회 서울국제건축영화제)

콜럼버스(2018년/ 104분)

미국의 도시 콜럼버스에서 강연 예정이던 건축학계의 저명인사 이재용 교수가 병으로 쓰러진다. 케이시(헤일리 루 리처드슨)은 모더니즘의 도시 콜럼버스에서 도서관 계약직원으로 일하며 건축을 좋아하는 여성으로, 이재용 교수의 강연을 들을 예정이었으나 무산된 것에 아쉬움을 느끼고 있다. 한편 서울에서 영어원서 번역을 하고 지내던 한국계 미국인 진(존 조)은 아버지인 이재용이 쓰러졌다는 소식을 듣고 콜럼버스로 향한다. 숙소 앞에서 만난 둘은 건축에 관한 이야기를 하면서 서로에게 감정을 쌓게 되는데...

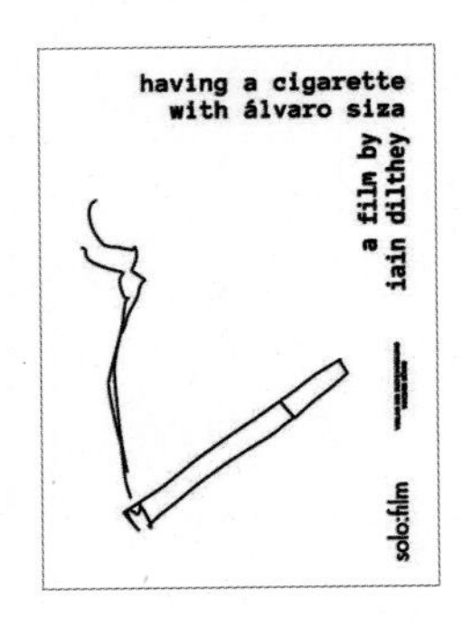

알바루 시자와 담배 한 대를(2016년/ 52분)

건축이란 무엇인가? 건축은 무엇을 할 수 있는가? 프리츠커상 수상자이자 시적 모더니즘으로도 잘 알려진 포르투갈의 건축사 알바루 시자는 건축이 사람들을 위한 안식처에서 출발했다는 것에 주목한다. 또한 전후 인구의 도시 밀집으로 거주지 수요가 높았던 상황에서 태어난 모더니즘은 부유층이 아닌 공공 주거지를 위한 디자인에서 비롯됐음을 강조한다. 건축사이자 사회주의자, 그리고 애연가인 알바루 시자와 그의 철학을 만나는 특별한 대화.

(2017년 제9회 서울국제건축영화제)

말하는 건축가(2012년/ 95분)

건축가 정기용(66세)은 척박한 한국 건축문화의 문제점을 설파하고 이 땅에서 건축한다는 것은 무엇인가에 대한 새로운 대안을 찾기 위해 평생을 바쳐왔다. 한국 현대건축의 2세대에 속하는 대표적인 건축가인 그는 전북 무주에서 12년 동안 진행한 공공건축 프로젝트와 전국 6개 도시에 지은 어린이 도서관인 기적의 도서관 프로젝트 등을 통해 건축의 사회적 양심과 공공성을 강조해왔다. 그는 언제나 열정적인 말로써 한국의 건축 제도를 개선하고 대안적인 건축 철학을 제시하기 위해 노력한 지식인이다. 또한 쓰레기를 양산하는 현대건축의 폐해를 극복하기 위해 흙을 이용하는 건축 방법을 고민했다. 현재 정기용은 건강이 좋지 않다. 5년 전 설계차 들린 병원에서 대장암 판정을 받고 11시간에 걸친 대수술을 받아야 했다. 그러나 그는 퇴원 후에도 일을 멈추지 않는다. 암 치료의 부작용이 낳은 성대결절로 인해 목소리가 잘 나오지 않는 정기용. 말을 전하기 위해 마이크에 의존하고 있지만, 그는 말을 멈추지 않는다. 부산시 공무원들과 함께 무주 공공건축 프로젝트를 답사하던 정기용은 무주 등나무 운동장에 자신도 모르는 사이 태양열 집열판이 설치된 것을 보고 불 같이 화를 낸다. 그러던 어느 날 정기용은 서울 광화문 일민 미술관으로부터 단독 건축전 개최를 제안받는다. 정기용은 이 건축전을 준비하면서 평생에 걸쳐 쌓아온 성과물을 더욱 폭넓은 대중들과 소통하고자 한다. 그러나 전시 준비 과정은 순탄하지 않다. 일민미술관 측과 정기용의 전시 준비팀은 전시 규모와 내용을 두고 갈등한다. 시간은 흐르고 정기용은 몰라볼 정도로 수척해진다. 죽음을 앞둔 정기용은 자신이 설계한 건축물과 집들을 되돌아보면서, 그 안에 살아가고 있는 사람들과 대화를 이어나간다. <말하는 건축가>는 그의 마지막 전시 준비 과정을 축으로 그의 삶의 궤적, 그의 건축 철학과 작업, 그리고 죽음에 직면한 한 인간의 예민한 심리를 포착한다.

성가신 이웃(2009년/ 110분)

성공한 산업디자이너인 레오나드는 유명 건축가 르 코르뷔지에의 작품인 집에서 가족과 함께 살고 있다. 어느 날 아침 소음에 잠이 깬 그는 옆집에 사는 노동자인 빅터가 자신의 집 쪽으로 큰 창을 내는 공사를 시작한 것을 알아챈다. 갖은 이유를 들어 이웃을 말려 보려고 하지만, 빅터의 결심은 확고하기만 하다. 주택과 거주라는 인권의 기본 주제를 통해서 심층적인 사회적 주제를 담아내려고 한 작품.

(2010년 제4회 충무로국제영화제)

말하는 건축 시티: 홀(2013년/ 106분)

'서울시 신청사' 컨셉 디자인의 최종 당선자인 건축가 유걸은 설계와 시공 과정에서 제외된 채 신청사가 만들어지는 모습을 그저 바라볼 수밖에 없었다. 서울시는 유걸을 총괄 디자이너라는 이름으로 준공을 앞둔 신청사의 디자인 감리를 요청한다. 너무 늦은 합류였다. 이미 골조는 완성된 상태였고 유걸이 할 수 있는 일이 많지는 않았다. 유걸은 그래도 자신이 시청사의 마감을 돌볼 수 있어 다행이라고 생각한다. 건축가 유걸은 자신의 설계에서 가장 중요하다고 생각했던 다목적홀(Concert Hall) 설계에 집중했다. 다목적홀은 시민들이 공연이나 강연을 볼 수 있는 공간으로 유걸의 신청사 설계의 개념을 가장 잘 보여주는 핵심적인 공간이었다. 구청사를 가리고 있던 가림막이 철거되고 신청사에 대한 사회와 여론의 비판이 쏟아졌다. 구청사와 조화가 되지 않는 최고 흉물이라며 연일 악평에 시달렸다. 신청사를 만들고 있는 실무자들도 비판적인 여론과 완공의 압박에 시달리며 지쳐갔다. 서울시 신청사 완공까지 7년, 아무도 몰랐던 숨겨진 이야기가 시작된다.